콘크리트 실무매뉴얼 KCI PM303.2-13

콘크리트 제조, 운반 및 타설

콘크리트시공기술위원회

사단법인 한국콘크리트학회 Korea Concrete Institute

이 도서의 국립중앙도서관 출판시도서목록(CIP)은 서지정보유통지원시스템 홈페이지(http://seoji.nl.go.kr)와
국가자료공동목록시스템(http://www.nl.go.kr/kolisnet)에서 이용하실 수 있습니다.(CIP제어번호: CIP2013004349)

발간사

학회 본연의 가장 큰 역할은 해당 분야의 학문과 기술을 향상시킬 수 있도록 하는 것이라고 봅니다. 이러한 측면에서 우리 학회는 창립 이후 학회지, 논문집 등을 비롯하여 많은 문헌을 출간하여 왔으며, 이에 더하여 학회 20주년을 기념하여 보다 체계적인 참고문헌을 발간하기 위하여 '콘크리트실무지침편찬특별위원회'를 구성하여 전문서적 발간을 준비하였습니다.

이 특별위원회(위원장 김상식 명예회원)는 2009년에 처음으로 구성되어 많은 노력 끝에 2010년 말 처음으로『해양 콘크리트의 염해 내구성 및 설계』,『매스 콘크리트의 온도균열 제어』,『고유동 콘크리트의 제조 및 시공』,『콘크리트 구조물 이음의 설계 및 시공』,『콘크리트 양생』등 5권의 실무매뉴얼을 발간한 바 있습니다. 그 후 2011년 특별위원회는 학회 연구전문위원회의 도움을 받아 출판을 기획하여『건축 포스트텐션 시스템』,『PS 긴장재의 시공, 긴장관리 및 그라우팅』,『콘크리트 장기거동 해석 및 적용』,『폴리머 콘크리트 복합체의 제조 및 시공』,『콘크리트 구조물의 방수기술』,『레디믹스트 콘크리트 품질문제의 원인 및 대책』,『콘크리트 제조, 운반 및 타설』등 7개의 실무매뉴얼을 이번에 발간하게 되었습니다. 또한 2012년에 기획되어 현재 7개의 실무매뉴얼이 내년 초 발간 예정으로 준비하고 있습니다. 지난 번 발간사에서도 밝힌 바와 같이 이번 발간물도 마지막이 아니고 앞으로 계속 많은 실무매뉴얼이 발간될 예정이며, 이미 발간된 실무매뉴얼도 계속 수정해 나갈 것입니다. 아무쪼록 집필자들의 노력으로 발간된 각종 실무매뉴얼들이 회원과 독자 여러분에게 큰 도움이 되기를 바랍니다.

끝으로 지난 2년 동안 어려운 여건 속에서도 열심히 노력하시어 실무매뉴얼을 작성하여 주신 집필책임자 강현구 회원, 김지상 회원, 지광습 회원, 김완기 회원, 배기선 회원, 한천구 회원, 김순환 회원과 집필위원 여러분에게 감사드리며, 세심한 검토를 하여 주신 특별위원회 여러 위원님들에게도 감사드립니다.

2012. 12.

사단법인 한국콘크리트학회

콘크리트실무지침편찬특별위원회 위원장 김 진 근

학회 회장 (12대) 심 종 성

머리말

철근콘크리트 구조물의 품질은 구조설계의 적정성, 사용되는 재료의 품질, 철근 배근 및 상세의 적절성 등 여러 가지 요인에 의해 영향을 받습니다. 뿐만 아니라 콘크리트를 구성하는 재료의 배합, 콘크리트 운반과 타설, 양생 등 시공 과정에서 고려해야 하는 사항들을 적절히 수행하는지의 여부가 이들 못지않게 콘크리트 구조물의 품질에 큰 영향을 미칩니다. 이 중 콘크리트의 양생에 대해서는 이미 발간된 콘크리트 실무 매뉴얼 KCI PM303.1-10에서 이미 서술하였고, 이번에는 철근콘크리트 구조물의 대형화, 고층화에 따라 그 중요성이 더욱 커지고 있는 콘크리트의 제조와 운반, 타설에 대하여 집필하게 되었습니다.

이 매뉴얼의 2장에서 레미콘 공장의 선정과 배합설계 방법을 서술하였으며, 3장에서는 일반적으로 사용되는 콘크리트의 운반 방법과 초고층 건축물에 사용되는 콘크리트의 배합과 압송 방법, 장비선정 방법 등을 다루었습니다. 4장에서는 일반 콘크리트의 타설을 위한 사전준비사항과 타설 방법, 다짐 방법 등을 서술하였습니다. 5장과 6장에서는 콘크리트 공사 중 특별한 영역으로 간주되어 왔던 매스 콘크리트와 포장 콘크리트에 대해 배합과 운반, 타설 시 고려사항과 방법을 다루었습니다.

이 매뉴얼은 미국 ACI manual of concrete practice, 일본의 건축학회, 토목학회, 콘크리트공학회의 관련 지침, 미국 여러 주의 도로국 표준공사시방서, 우리나라 대형 건설회사들이 보유하고 있는 내부자료들을 참고하여 작성되었음을 밝힙니다.

이 매뉴얼의 저술 목적은 공사 현장에서 실질적으로 적용이 가능한 정보를 기술하는 것이었으나, 저자들의 경험상의 한계로 인하여 본래 목적이 충족되지 못한 부분도 있을 것으로 생각됩니다. 그러나 모든 기술 관련 문헌이 그렇듯이 앞으로 계속적인 보완을 통하여 완성도를 높여가리라고 믿으며, 현재 이 매뉴얼의 주제에 관한 내용도 우리학회의 지속적인 활동을 통하여 충실도를 높여갈 것을 다짐합니다.

이 매뉴얼이 완성되기까지 그동안 많은 시간을 할애하여 주신 집필위원 여러분과 집필내용에 아낌없이 검토와 조언을 해주신 철근콘크리트공사업협의회 기술위원들, 우리학회의 실무지침편찬특별위원회의 위원 여러분께 감사를 드립니다.

2012. 12.

콘크리트시공기술위원회(KCI-303) 위원장 김 순 환

집필위원

집필책임자	정하선(KCI공학연구소)
집 필 위 원	김병윤(관동대학교), 김영수(부산대학교), 심현보(KCI공학연구소) 전세진(아주대학교), 이승훈(삼성물산(주)건설부문), 윤기원(아주산업(주)) 한승환(한국도로공사 도로교통기술원), 한천구(청주대학교)

검토위원

검 토 위 원	김진근(KAIST), 이광명(성균관대학교), 정영수(중앙대학교)

심의위원

위 원 장	최기봉(가천대학교)
위 원	김진근(KAIST), 노병철(상지대학교), 신영수(이화여자대학교), 이재연(목원대학교) 장일영(금오공과대학교), 정란(단국대학교), 최창식(한양대학교), 최연왕(세명대학교)

기획 / 실무지침편찬특별위원회

위 원 장	김진근(KAIST)
고 문	김상식(인하대학교), 정영수(중앙대학교), 정하선(KCI 공학연구소)
간 사	배수호(안동대학교)
위 원	김대중(삼성물산(주)건설부문), 김은겸(서울과학기술대학교) 김종호((주)창민우컨설탄트), 박홍근(서울대학교), 박홍기((주)태조엔지니어링) 서석구((주)서영엔지니어링), 신현목(성균관대학교), 연규석(강원대학교) 이광명(성균관대학교), 이왕희(현대산업개발(주)), 이재연(목원대학교) 정광량((주)동양구조안전기술), 최동욱(한경대학교), 한천구(청주대학교)

차 례

03장 콘크리트의 제조 및 운반

04장 일반 콘크리트 타설

05장 매스 콘크리트의 타설

06장 시멘트 콘크리트 포장 시공

제 1 장 개요

1.1 목적

이 매뉴얼은 건설공사 현장에서 사용되는 콘크리트가 원래 목적하였던 품질을 유지하며 콘크리트 구조물을 시공할 목적으로 콘크리트의 제조부터 운반, 타설, 마감까지 과정에서 현장 기술자들이 알아야 할 기본적인 원칙과 주의사항을 제시하기 위하여 집필되었다.

대부분의 경우 고품질의 콘크리트는 품질이 떨어지는 콘크리트와 비교하여 콘크리트의 제조와 운반, 타설 방법을 적절히 선택할 경우 큰 비용의 증가 없이 경제적 시공이 가능하기 때문에 관련 기술자들은 현장 상황에 따라 관련 기술을 적절히 구사할 수 있는 능력을 갖추는 것이 필요하며, 이 매뉴얼은 이러한 면에서 관련 기술자들의 기술적 능력 향상에 도움을 줄 수 있을 것이다.

이 매뉴얼은 기본적으로 콘크리트의 균질성과 품질 향상, 작업성과 작업능률 향상을 위한 방법들과 특별한 고려사항들을 제시하는 데 초점을 맞추어 집필되었다. 그러나 관련 기술자들은 한국콘크리트학회의 "콘크리트표준시방서 해설"(한국콘크리트학회[1], 2009)과 관련도서들 (한국콘크리트학회 2011, 2007, 2010a, 2010b, 2010c, 2010d, 2004a, 2004b, 2002, 2001, 2007, 2003)[2)~14)]의 내용도 이해하고 숙지할 필요가 있다.

1.2 범위

이 매뉴얼은 건설공사에 가장 많이 사용되는 일반 콘크리트를 대상으로 하였다. 여기서, 일반 콘크리트라 함은 전통적인 방법으로 제조된 콘크리트, 즉 포틀랜드 시멘트, 골재, 물, 그리고 콘크리트의 기능 향상을 위하여 첨가되는 혼화재료를 배합하여 제조되는 콘크리트를 의미한다.

2장부터 4장까지는 일반 콘크리트에 공통적으로 적용할 수 있는 콘크리트의 제조와 운반, 타설에 대해 다루었다. 2장에서는 특히 시공자의 입장에서 레디믹스트 콘크리트의 공장을 선정할 때 고려해야 할 사항들을 소개하였으며, 3장에서는 최근 초고층 건물들이 건설되면서 그 중요성이 커지고 있는 압송을 통한 콘크리트의 운반과 타설을 다루었다.

5장에서는 그동안 토목공사에서 주로 사용되어 왔으나 최근 건축공사에서도 사용빈도가 증가하고 있는 매스 콘크리트에 대하여 콘크리트의 배합, 운반, 타설, 양생 방법 등을 다루었다.

6장에서는 이제까지 콘크리트산업 분야에서 크게 주목을 받지 못하고 있던 시멘트 콘크리트 포장에 대하여 콘크리트를 배합할 때 특별히 고려해야 할 사항, 콘크리트 포장슬래브의 설계, 콘크리트 포설, 양생에 대한 사항을 서술하였다.

그 외에 3장에서는 콘크리트 압송작업과 관련하여 가장 중요한 압송펌프의 용량 결정 방법을 설명하기 위한 사례가 소개되었으며, 콘크리트 압송 관련 시공사례를 5장과 6장에서 간략히 수록하였다.

참/고/문/헌

1) 한국콘크리트학회, 콘크리트표준시방서 해설, 기문당, 2009.

2) 한국콘크리트학회, 최신 콘크리트공학, 기문당, 2011.

3) 한국콘크리트학회, 레디믹스트콘크리트의 품질관리, 기문당, 2007.

4) 한국콘크리트학회, 고유동 콘크리트의 제조 및 시공, 기문당, 2010a.

5) 한국콘크리트학회, 매스 콘크리트 온도균열 제어, 기문당, 2010b.

6) 한국콘크리트학회, 콘크리트 양생, 기문당, 2010c.

7) 한국콘크리트학회, 해양 콘크리트의 염해 내구성 및 설계, 기문당, 2010d.

8) 한국콘크리트학회, 콘크리트 구조물 이음의 설계 및 시공, 기문당, 2010e.

9) 한국콘크리트학회, KCI SP1-레미콘 플랜트 설비와 콘크리트 품질, 기문당, 2004a.

10) 한국콘크리트학회, KCI SP3-유동화 콘크리트, 기문당, 2004b.

11) 한국콘크리트학회, 시멘트콘크리트의 품질시험 및 품질관리, 한국콘크리트학회, 2002.

12) 한국콘크리트학회, 콘크리트 구조물 거푸집(동바리)의 설계 및 시공, 한국콘크리트학회

13) 한국콘크리트학회, 콘크리트의 제조 · 시공 · 품질관리 및 시공, 한국콘크리트학회, 2007.

14) 한국콘크리트학회, 현장 콘크리트의 품질관리, 한국콘크리트학회, 2003.

제 2 장

레미콘 공장 선정 및 배합설계

2.1 일반 사항

양질의 콘크리트 구조물을 완성하려면 콘크리트의 운반과 타설에 앞서 최적의 레미콘 공장의 선정과 아울러 설계조건에 합당한 콘크리트로 배합설계되었는지를 확인해야 한다. 따라서 품질이 확보된 양질의 콘크리트를 구매하기 위해서는 사전에 현장 주변의 레디믹스트 콘크리트 공장에 대해 충분히 조사하여, 설계 시공상의 요구조건에 적합한 콘크리트를 공급할 수 있는지를 확인해야 한다. 특히 중요한 것은, 구입자가 요구하는 품질의 콘크리트를 안정적으로 제조하여 필요한 시기에 현장에 공급할 수 있는가 하는 점이다.

특별한 상황에서 현장에 배처 플랜트를 설치하여 콘크리트를 생산하는 경우는 콘크리트학회 제정 『콘크리트표준시방서』에 따라 배합설계 및 제조하여 활용하면 되지만, 레미콘을 사용할 경우에는 기본적으로 KS F 4009(레디믹스트 콘크리트)의 규격에 적합한 제품을 선정하면 된다. 그러나 최근에는 점차 콘크리트의 성능이 고강도화, 고유동화 등 고성능화됨에 따라 배합이나 품질 기준 등이 KS F 4009의 규격에 적합하지 않은 레디믹스트 콘크리트를 사용할 경우도 있다. 이런 경우는 KS F 4009 및 관련

시방서의 규정을 준수하여 특기 시방을 정하고 레미콘 공장의 선정, 배합설계 및 특수품으로 발주하는 것이 바람직하다.

2.2 레미콘 공장의 조사, 선정 및 발주

2.2.1 레미콘 공장의 조사

일반적으로 우리나라의 경우 공사현장 주변에는 어느 정도의 레디믹스트 콘크리트 공장이 있기 마련인데, 공사 착수 전에 충분한 조사를 통하여 설계·시공상의 요구조건에 적합한 콘크리트를 확보할 수 있도록 해야 한다. 조사는 서류뿐 아니라 가능한 한 공장에 가서 직접 조사하는 것이 좋다. 이렇게 함으로써 서류만으로는 확인할 수 없는 사항과 실제 가동사항을 알 수 있으며, 공장을 조사하면 어느 정도 각 공장의 우열을 비교할 수도 있다.

공장을 조사할 때에 필요한 관련 사항을 표 2.1에 나타내었는데[1), KS 표시 허가 및 ISO 인증 유무, 공장의 규모를 비롯한 설비에 대한 내용과 사용 재료 및 품질관리에 관한 사내 규정, 상주하는 기술자의 자격 및 인원수, 보유한 시험기기 및 실험시설, 공사현장까지 경로 및 운반시간, 그 외에 필요한 사항 등에 대하여 조사해야 한다. 표 2.2는 참고적으로 레디믹스트 콘크리트 공장을 조사할 때 자주 사용되는 체크리스트의 한 예[1)]를 나타낸 것이다.

2.2.2 사용 재료, 제조·검사 설비 및 관리실태 조사

1) 사용 재료 조사

사용 재료는 레디믹스트 콘크리트의 품질과 직결되므로 충분한 조사를 실시하여 선정한다. 기본적으로는 그림 2.1에 나타낸 흐름도에 따라 레디믹스트 콘크리트 공장에서 사용하는 재료가 설계도서의 규정에 적합한지의 여부[1)]를 검토하는 것이 좋다.

표 2.1 **레디믹스트 콘크리트 공장 조사표**

(1) 공장 개요

공장명				영업 개시일		
소재지				Tel. Fax.		
대표자 성명				부지면적(m^2)		
ISO 인증	인증 번호			인증 년 월 일		
KS 표시	보통	허가 번호		허가 년 월 일		
	경량	허가 번호		허가 년 월 일		
	포장	허가 번호		허가 년 월 일		
	고강도	허가 번호		허가 년 월 일		
종업원 수	명		기사자격	명	산업기사 자격	명
품질관리책임자	성명			자격		
현장과 거리	직선	km	운반시간	(평균) 분	(최대) 분	

(2) 설비 개요

조사 항목		기입 사항	기입 내용
계량설비		제조회사(설치 년 월)	
		조작방식	
혼합설비		믹서형식, 용량(m^3), 수	
재료 저장 설비	시멘트 사일로	종류별 – 용량(ton), 수	
	골재저장조	종류별 – 용량(m^3), 수	
	골재야적장	저장방식, 종류별 – 용량, 지붕 유무	
	수조(회수수인 경우)	용량(ton) 회수 방식	
	혼화제	종류별 – 용량(ton), 수	
	혼화재	종류별 – 용량(ton), 수	
재료운반설비		장비명, 운반방식	
시험설비		시험실(m^2), 양생수조(크기), 주요 시험기기	
운반차		자사, 관련 회사명, 운반차 형식, 대수	
폐기물처리설비			
제조능력		m^3/h, m^3/월	

(3) 사용 재료

조사 항목		기입 사항	기입 내용
종류	시멘트	종류별 – 제조회사	
	굵은골재	종류별 – 산지(제조회사), 혼합비율	
	잔골재	종류별 – 산지(제조회사), 혼합비율	
	인공경량골재	명칭(제조회사), 2종인 경우 – 혼합비율	
	물	종류	
	혼화제	종류별 – 제조회사(명칭)	
	혼화재	종류별 – 제조회사(명칭)	
품질	시멘트	제조회사 시험성적서	(년 월 일)
	굵은골재	시험성적서 (단일품 및 혼합품인 경우)	(년 월 일)
	잔골재	시험성적서 (단일품 및 혼합품인 경우)	(년 월 일)
	물	시험성적서 (시험소명)	(년 월 일)
	혼화제	제조회사 시험성적서	(년 월 일)
	혼화재	제조회사 시험성적서	(년 월 일)

표 2.2 **레디믹스트 콘크리트 공장 체크리스트의 예**

1. 공사명 : ○○건설 ○○○○공사
2. 제조회사명 : ○○레디믹스트 콘크리트
3. 일일공급능력 : m^3
4. 조사내용

(1) 재료 저장설비

번호	조사내용	조사결과	비고
1	시멘트의 저장설비는 품종별로 구분하여 시멘트의 풍화를 방지할 수 있도록 되어 있는가?		
2	골재의 저장설비는 종류, 품종별로 각각의 칸을 가지고 있는가?		
3	골재 적치장 바닥은 콘크리트 등으로 하고배수 시설이 설치되어 있는가?		
4	골재 적치장의 규모는 최대 출하량의 1일분 이상의 골재를 저장할 수 있는가?		
5	혼화재료의 저장설비는 혼화재료의 종류, 품종별로 구분되어 있는가?		
6	골재 투입구에는 걸름막이 설치되어 있는가?		
7	골재는 직사광선 및 한 · 설에 대한 대비는 되어 있는가?		
8	회수수 사용 설비는 갖추어져 있는가?		

(2) 배처 플랜트

번호	조사내용	조사결과	비고
1	플랜트에는 각 재료를 위한 각각의 저장실이 구비되어 있는가?		
2	계량기의 재료 계량오차는 허용오차 이내인가? – 시멘트 : 1회 계량 질량의 −1%, +2% 이내 – 골재 : 1회 계량 질량의 ±3% 이내 – 물 : 1회 계량 질량의 −2%, +1% 이내 – 혼화제 : 1회 계량 질량의 ±3% 이내		
3	재료의 계량한 값은 위와 같은 정밀도로 지시할 수 있는 지시계가 설치되어 있는가?		
4	모든 지시계는 조작원이 볼 수 있는 곳에 설치되어 있는가?		
5	계량기는 서로 다른 배합의 콘크리트 재료를 연속적으로 계량할 수 있는가?		
6	계량기에는 잔골재의 표면수량에 따른 계량치의 보정을 할 수 있는 장치가 구비되어 있는가?		
7	시험요원 및 시험장비는 적절하게 배치되어 있는가?		

(3) 배합설계의 적정 여부 및 배합상태

번호	조사내용	조사결과	비고
1	배합설계는 적정하게 이루어졌는가? (배합설계표 사본 징수)		
2	배합설계표와 컴퓨터에 입력된 수치와 일치하는가? (2중 관리 여부)		
3	표면수량, 잔 · 굵은골재의 체가름 시험결과에 의한 현장배합 수정을 실시하고 있는가?		
4	배합강도의 결정은 호칭강도에 적절한 증가계수를 고려하여 실시하고 있는가?		

(4) 사용 재료의 적합 여부

번호	조사내용	조사결과	비고
1	골재의 청정, 강경, 내구적으로 적당한 입도분포를 가지며 점토 덩어리, 유기불순물 등의 해로운 양이 포함되어 있지 않은가? – 시험ㅋ 연구소 등에 의뢰		
2	물은 깨끗하고 기름, 산, 염류, 유기물 등이 포함되어 있지 않은가? 또한 회수수의 사용은 규정을 준수하는가?		
3	시멘트 및 혼화재료 – 시멘트 제조회사 – 혼화재료의 종류 및 사용량 – 시멘트 강도 시험은 실시하고 있는가?		

(5) 품질관리 사항

번호	조사내용	조사결과	비고
1	압축강도, 슬럼프, 공기량의 시험결과는 합격 기준값 이내인가? (현장에서 직접 시험 실시) – 압축강도 : 호칭강도 이상 – 슬럼프 : 목표 슬럼프 ±25mm – 공기량 : 4.5±1.5%		
2	공장 자체 관리 시험은 적정하게 실시하고 있는가? – 골재 시험 : 1,000m^3마다, 재질변경 있을 때 – 현장 수정 배합 : 아침 작업 개시 전 – 압축강도 : 150m^3마다 – 혼화제 : 회사별 반입 때마다		

(6) 해사 사용 여부 및 배합상태

번호	조사내용	조사결과	비고
1	해사를 사용하고 있는가?		
2	모래의 염화물 함유량은 규정값 이내인가? (0.04% 이하)		
3	염화물 함유량 시험은 적정하게 실시하고 있는가? (50ton마다)		
4	레디믹스트 콘크리트의 염화물량은 규정값 이내인가? (0.3kg/m^3, Cl^- 이온 기준)		

(7) 운반거리, 운반 소요시간, 타설시간

번호	조사내용	조사결과	비고
1	운반거리		
2	운반 소요시간		
3	타설시간		

(8) 기타

- 잔골재원 : ○○시 ○○
- 굵은골재원 : ○○시 ○○
- 제출서류 : 배합설계표, 골재 시험 성과표, 시멘트 시험 및 수질검사 성적표, 슬럼프, 공기량, 압축강도 시험 성과표

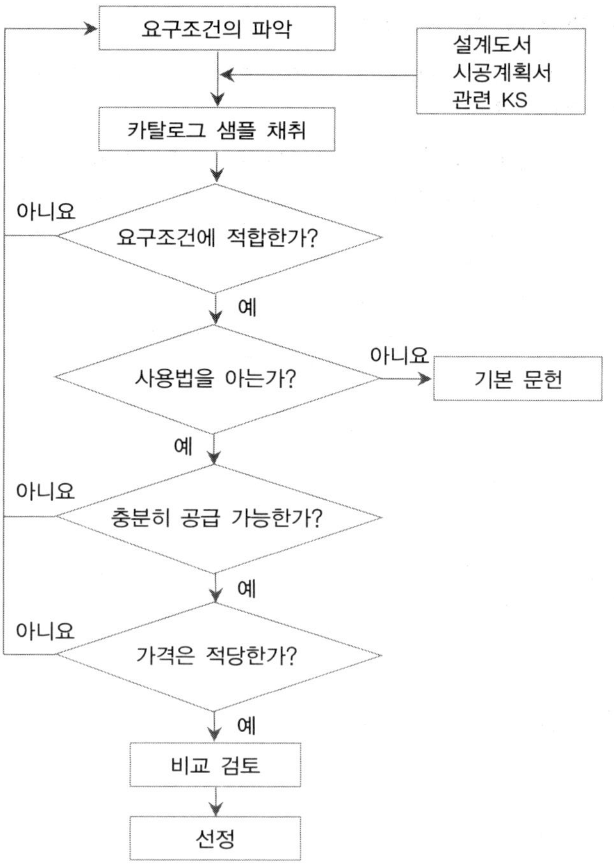

그림 2.1 **사용 재료의 조사 및 선정 흐름도**[1)]

사용 재료의 품질과 성능은 시험에 의해 확인해야 하며, 그 시험 방법에 대해서는 표 2.3과 같다. 레디믹스트 콘크리트 공장에서는 이들의 시험을 정기적으로 확인하여 시험성적서에 기재하고 있지만, 시공자도 시험에 입회하거나 샘플검사를 하는 등 품질을 확인하는 것이 좋다. 지역적인 조건에 따라 레디믹스트 콘크리트 공장에서 사용하는 재료가 요구조건에 적합한 재료를 얻을 수 없는 경우가 간혹 있을 수 있다. 이러한 경우에는 담당자의 승인을 얻어 콘크리트의 요구성능을 저하시키지 않는 범위 내에서 사용 재료의 종류와 품질을 변경하여 사용하도록 한다. 사용 재료는 공사기간 중 지속적으로 입수가 가능한 것이 바람직하나 공사 도중 사용 재료의 변경이 불가피한 경우에는 변경한 재료의 품질을 반드시 확인하여 사용하도록 한다.

표 2.3 **사용 재료에 대한 KS F 4009의 규정**

시멘트	시멘트는 KS L 5201, KS L 5210, KS L 5211, KS L 5401에 적합한 것 또는 이와 동등 이상의 것을 사용한다.
골재	골재는 깨끗하고 단단하며 내구적인 것으로 적당한 입도를 가지며 점토 덩어리, 유기물, 가늘고 긴 돌조각 등의 해로운 양을 포함해서는 안 되며, KS F 2526, KS F 2527, KS F 2534, KS F 2543, KS F 2544, KS F 2573, KS F 2583에 따른다. 천연골재(잔골재)는 염분(NaCl)의 한도가 KS F 2515에 따라 시험하였을 때 0.04% 이하여야 한다. 0.04%를 초과한 것에 대해서는 주문자의 승인을 얻어야 한다. 다만, 그 한도는 0.1%를 초과할 수 없다. 또한 2종 이상의 골재를 혼합해서 사용하는 경우의 혼합 입도는 KS F 2526, 혼합 입형은 KS F 2527에 적합해야 하고, 혼합 전 각 골재의 품질은 해당 KS 표준의 품질규정을 만족해야 한다.
물	물은 KS F 4009의 부속서 2에 적합한 것을 사용한다. 단, 고강도 콘크리트의 경우 슬러지수를 사용하여서는 안 된다.
혼화재료	콘크리트에 사용되는 각종 혼화재료(혼화제, 혼화재)는 콘크리트 및 강재에 해로운 영향을 주지 않는 것으로 KS F 2560, KS F 2561, KS F 2562, KS F 2563, KS F 2567, KS L 5405 규격에 적합한 것이어야 한다.

2) 제조 · 검사 설비 및 관리실태 조사

레미콘 공장의 설비로는 재료의 저장, 운반설비, 계량설비, 혼합설비, 폐기물처리설비, 시험설비, 운반차 등이 있다. 이들의 설비에 대해서는 KS F 4009에 규정되어 있으므로 이에 근거하여 제 설비에 대해 조사하도록 하며, 제조관리에 대해서도 KS F 4009에 기술된 내용을 바탕으로 조사하여 설계, 시공상의 요구조건에 적합한 콘크리트를 공급할 수 있는 곳인지를 확인해야 한다.

2.2.3 공장 선정 및 발주

1) 공장 선정

최종적으로 레미콘 공장의 선정은 전술한 레미콘 공장의 조사, 사용 재료, 제조 · 검사 설비 및 관리실태 조사결과에 의해 결정하게 된다. 참고적으로 콘크리트표준시방서에는 다음의 3가지 사항을 고려하여 레미콘 공장을 선정하도록[2)] 규정하고 있다.

(a) KS F 4009의 규정 및 심사기준을 참고로 하여 사용 재료, 제 설비, 품질관리 상태 등을 조사하여 사용목적에 맞는 공장을 선정하거나 설치해야 한다.

(b) 공장을 선정할 때에는 현장까지 운반시간, 배출시간, 콘크리트의 제조능력, 운반차의 수, 공장의 제조 설비, 품질관리 상태 등을 고려해야 한다.

(c) 단일 구조물, 동일 공구에 타설하는 콘크리트는 향후 하자관계가 불분명해질 우려가 있으므로 가능한 1개 공장의 레디믹스트 콘크리트를 사용해야 한다. 부득이 2개 이상의 공장을 선정하는 경우 품질관리계획서에 의해 동일한 성능이 확보되도록 책임기술자가 확인해야 한다.

2) 콘크리트 종류

레미콘의 종류에는 보통 콘크리트, 경량 콘크리트, 포장 콘크리트 및 고강도 콘크리트가 있으며, 사용자는 굵은골재의 최대 치수, 호칭강도, 슬럼프 또는 슬럼프 플로를 조합하여 표 2.4에 따라 종류를 지정하도록 한다.

표 2.4 **레디믹스트 콘크리트의 종류**

콘크리트의 종류	굵은골재의 최대 치수(mm)	슬럼프 또는 슬럼프 플로(mm)	호칭강도 MPa (=N/mm^2)												
			18	21	24	27	30	35	40	45	50	55	60	휨 4.0	휨 4.5
보통 콘크리트	20, 25	80, 120, 150, 180	○	○	○	○	○	○	–	–	–	–	–	–	–
		210	–	○	○	○	○	○	–	–	–	–	–	–	–
		500*, 600*	–	–	–	○	○	○							
	40	50, 80, 120, 150	○	○	○	○	○	○	–	–	–	–	–	–	–
경량 콘크리트	15, 20	80, 120, 150, 180, 210	○	○	○	○	○	○	○	–	–	–	–	–	–
포장 콘크리트	20, 25, 40	25, 65	–	–	–	–	–	–	–	–	–	–	–	○	○
고강도 콘크리트	15, 20, 25	120, 150, 180, 210	–	–	–	–	–	–	○	○	○	–	–	–	–
		500*, 600*, 700*	–	–	–	–	–	–	○	○	○	○	○	–	–

* 슬럼프 플로값을 의미한다.

또한 다음 사항은 구입자와 생산자가 협의하여 지정한다.

(a) 시멘트의 종류

(b) 골재의 종류 및 사용량

(c) 굵은골재의 최대 치수

(d) 혼화재료의 종류와 사용량(단, 종류와 사용량에 대하여 구입자의 승인을 얻어야 한다.)

(e) 규정에서 정한 염화물 함유량의 상한값과 다른 경우에는 염화물 함유량의 상한값

(f) 호칭강도를 보증하는 재령

(g) 표 2.7에 정한 공기량과 다른 경우는 그 값

(h) 경량 콘크리트의 경우는 콘크리트의 단위용적질량

(i) 콘크리트의 최고 또는 최저 온도

(j) 물-결합재 비의 상한값

(k) 단위수량의 상한값

(l) 단위결합재량의 하한값 또는 상한값

(m) 유동화 콘크리트인 경우 유동화 이전의 베이스 콘크리트에서 슬럼프 증대량

3) 품질규격

레미콘은 KS제품이기 때문에 다른 제품규격과 같이 한계값으로 품질을 표시하여 소위 품질보증의 조건을 나타내고 있다.

(a) 강도는 1회의 시험결과라도 호칭강도의 값을 대폭적으로 밑도는 것이 없도록, 또한 과도하게 높은 배합강도가 얻어지는 결과가 되지 않도록 종합적인 관점에서 1회 시험의 결과가 호칭강도의 85% 이상을 발휘하도록 정하고 있고, 또한 3회 시험결과의 평균값도 호칭강도의 값을 밑돌지 않도록 정하고 있는 것이다. 레디믹스트 콘크리트의 평균 강도는 시험 횟수가 많을수록 높은 정밀도로 판정할 수 있겠으나 경제성을 고려하여 3회로 하고 있다. 여기서, 1회란 임의의 1개 운반차에서 채취한 3개의 공시체를 제작하여 시험한 평균값이다.

(b) 슬럼프 및 슬럼프 플로의 허용차는 지정된 값에 따라 다르다. 즉, 슬럼프 및 슬럼프 플로가 클수록 허용차의 범위도 증가하는 결과를 보이고 있는데, 이것은 해당 슬럼프 및 슬럼프 플로의 범위에서 수량의 변화에 따른 슬럼프 및 슬럼프 플로의 변화 및 시험값의 변동이 다르기 때문이다. 표 2.5 및 2.6에 슬럼프 및 슬럼프 플로 범위에 따른 허용차를 나타내었다.

표 2.5 **슬럼프의 허용차**

슬럼프(mm)	슬럼프 허용차(mm)
25	±10
50 및 65	±15
80 이상	±25

표 2.6 **슬럼프 플로의 허용차**

슬럼프 플로(mm)	슬럼프 플로의 허용차(mm)
500	±75
600	±100
700*	±100

* 굵은골재 최대 치수가 15mm인 경우에 한하여 적용한다.

(c) 공기량은 콘크리트 종류에 따라 다르다. 즉, 보통 콘크리트에 비해 경량 콘크리트는 내동해성이 약하므로 공기량이 많게, 고강도 콘크리트는 내동해성이 강하므로 공기량이 적게 정해진다. 표 2.7은 콘크리트 종류에 따른 공기량 및 공기량의 허용차를 나타내었다.

표 2.7 **공기량의 허용차**

콘크리트의 종류	공기량(%)	공기량의 허용차(%)
보통 콘크리트	4.5	±1.5
경량 콘크리트	5.5	
포장 콘크리트	4.5	
고강도 콘크리트	3.5	

(d) 염화물 함유량의 한도는 일정 수준 이상 존재하면 철근의 부식이 촉진되며, 염화물이 염화나트륨인 경우는 그 나트륨 이온이 알칼리골재반응을 조장하는 요인이 되기도 한다. 이와 같은 이유로 KS F 4009에 염화물 함유량의 한도를 원칙적으로 0.3kg/m^3 이하로 규정하고 있으며, 이와 다른 염화물량의 한도를 필요로 하는 경우에는 양자가 사전에 충분히 협의하여 그 값을 정할 수 있다. 그러나 이 경우에도 0.6kg/m^3를 초과할 수 없다.

4) 콘크리트 배합의 검토

생산자는 품질관리 실적에 근거하여 요구된 품질의 레디믹스트 콘크리트가 얻어지도록 책임을 가지고 배합을 결정해야 하며, 표 2.8에 표시된 레디믹스트 콘크리트 배합보고서를 레디믹스트 콘크리트 납품에 앞서서 콘크리트 구입자에게 제시해야 한다. 배합보고서에는 사용 재료를 비롯하여 「2.2.3의 (2) 콘크리트 종류」에서 설명한 호칭강도, 슬럼프 등의 각종 지정 사항이 명기되도록 한다.

구입자는 생산자로부터 제출받은 배합보고서에 대해서 충분히 검토하고, 필요하다면 구입자와 협의하여 시험 비비기를 실시한 다음 배합을 결정한다. 특히, 그 공장에서 자주 사용하지 않던 시멘트, 골재, 혼화재료를 지정하는 경우에는 서로 충분히 검토, 협의할 필요가 있다. 이런 경우 처음에는 요구하는 콘크리트에 대해 실험실에서 배합을 실시하여 기본 배합을 정한다. 그러나 실험실의 소형믹서와 공장의 대형믹서에 의한 혼합성능이 다르기 때문에 콘크리트의 품질에 차이가 날 수 있다. 따라서 최종적으로는 공장의 대형믹서로 실험하여 배합을 정하도록 한다.

생산자는 배합보고서를 제시한 후에라도 배합 내용을 변경하는 경우에는 납품에 앞서 신속히 변경된 배합보고서를 다시 제시해야 하며, 구입자의 요구에 따라 배합설계, 콘크리트에 함유된 염화물 함유량 등 계산의 기초가 되는 자료를 제시해야 한다. 규격외품인 경우에도 기본적으로는 규격품과 동일한 방법으로 배합에 대한 검토를 실시하면 되지만 규격품보다는 지정 사항이 더 많으므로 생산자와 충분히 협의하여 결정하도록 한다.

5) 제조, 운반 및 반입 방법 협의

시공자는 시공계획에 따라 공사 진행에 차질이 없도록 콘크리트 납품일시, 콘크리트의 종류별 수량, 콘크리트 배출 장소 및 반입속도, 콘크리트 운반시간의 한도 등을 생산자와 협의하여 정하도록 한다. 특히, 실제 일정과 타설 수량은 공사의 진행에 따라 변하므로 필요할 때마다 협의하여 조정한다.

시공자는 레디믹스트 콘크리트를 반입할 때 각종 필요한 인수검사에 대해 생산자와 협의하여 정하도록 한다. 특히, KS에 규정되어 있지 않은 항목에 대해서는 시험과 검사 방법을 사전에 의논하여 문제가 생기지 않도록 한다. 협의 내용으로는 콘크리트 품질 시험의 항목, 시험 방법 및 결과 판정 방법, 압축강도 시험의 검사 로트의 크기, 콘크리트 염화물량의 검사장소 및 검사기기 등이다.

표 2.8 레디믹스트 콘크리트 배합표

No. ____________

년 월 일

____________ 귀하

제조회사명 · 공장명

배합계획자명	

공사 명칭			
소 재 지		본 배합의 적용 기간	
납품 예정시간		콘크리트의 타설 부위	

배합설계 조건				
호칭 방법	콘크리트 종류에 의한 구분	굵은골재의 최대 치수에 의한 구분(mm)	호칭강도 (MPa)	슬럼프 또는 슬럼프 플로(mm)

지정 사항[1]				
	단위용적질량	(kg/m^3)	공기량	%
	콘크리트의 온도	최고 · 최저 ℃	호칭강도를 보증하는 재령	일
	물-결합재비의 상한값	%	단위 결합재량의 하한값 또는 상한값	kg/m^3
	유동화 베이스 콘크리트의 슬럼프 증대량			mm

사용재료[2]										
재료	제품명	종류	산지[2] 제조국 또는 도시명	산지[2] 생산 공장명	조립률 또는 실적률[3]	밀도 절건	밀도 표건	잔골재의 염화물량	혼화재의 특성[4]	기타 사항
시멘트	①				–					
	②				–					
잔골재	①									
	②									
	③									
굵은 골재	①									
	②									
	③									
혼화재	①				–					
	②				–					
	③				–					
혼화제	①				–	–				
	②				–	–				
	③				–	–				

사용수	사용한 물의 종류	종류 :	pH :	회수수 사용 여부[5] 사용( ) 불사용( )	회수수 사용 비율[5] : %

배 합 표 (kg/m^3)[6]													
시멘트 ①	시멘트 ②	물	회수수	잔골재 ①	잔골재 ②	굵은골재 ①	굵은골재 ②	혼화재 ①	혼화재 ②	혼화재 ③	혼화제 ①	혼화제 ②	혼화제 ③

물-결합재비[7]	%	잔골재율	%	콘크리트에 포함된 염화물 함유량(염소이온)	kg/m^3 이하
비고					

주 1) 호칭 방법란 이외에 특별히 지정된 사항을 기입한다.
2) 배합설계에 사용한 재료에 대하여 기입한다. 산지는 재료별로 공장이 소재하는 시 · 군 · 구 등 도시명 및 생산공장의 상호를 기입한다.
3) 잔골재에 대해서는 조립률의 값을, 굵은골재의 경우 부순 굵은골재인 경우는 입자 모양 판정 실적률, 기타는 조립률의 값을 기입한다.
4) 혼화재 중 플라이애쉬의 경우 강열감량 및 분말도, 고로슬래그 미분말 및 실리카 퓸의 경우 비표면적(분말도)을 기입한다.
5) 사용 또는 불사용에 "O"로 표시하고, 전체 사용 수량에 대해 투입한 회수수 양의 백분율로 계산하여 기입한다.
6) 골재에 대한 보통 골재인 경우에는 표면건조 포화상태의 질량, 인공 경량골재인 경우에는 절대건조 상태의 질량을 표시한다.
7) 물-결합재비는 혼화재를 사용한 경우로 물/(시멘트+혼화재)의 질량 백분율로 계산하여 기입한다.

6) 발주

레디믹스트 콘크리트에 대한 요구조건이 KS F 4009의 규격에 적합한 경우에는 그 사항을 지정하고 KS 제품으로서 발주하면 된다. KS F 4009에 의하지 않는 규격외의 제품을 사용하는 경우에는 필요로 하는 사항을 생산자와 협의하여 담당원의 승인을 받아 발주해야 한다. 이때 기본적으로는 「2.2.3의 (2) 콘크리트 종류」의 지정 사항들에 대해 요구조건을 지정하도록 하며, 콘크리트 배합은 원칙적으로 실험에 의해 결정하도록 한다.

특히, 설계기준압축강도와 호칭강도는 구분되어 발주해야 하는데, 호칭강도(f_n)=설계기준압축강도(f_{ck})+T(기온보정강도)로 하도록 건축공사표준시방서에는 규정하고 있다[3].

콘크리트 타설량에 따라 하나의 레디믹스트 콘크리트 공장에서 공급하는 것이 어려울 때에는 복수의 레디믹스트 콘크리트 공장에 콘크리트를 발주해야 한다. 이때에는 동일 타설 구획에 서로 다른 공장의 콘크리트가 섞이지 않도록 충분히 고려하여 발주해야 한다.

2.3 콘크리트의 배합설계

2.3.1 배합설계 개요

1) 정의

콘크리트의 배합설계란 양질의 콘크리트를 만들기 위하여 각 구성재료의 혼합비율을 결정하는 작업이다. 그런데 여기서 말하는 양질의 콘크리트란 콘크리트의 요구 성질에 해당하는 것으로, 즉 강도, 워커빌리티, 균일성, 수밀성, 내구성 등 구조물에 필요한 요구성능을 가장 경제적인 조건에서 접근시킨 것을 말한다. 따라서 배합설계란 구조물의 요구성능에 맞는 품질을 가장 저렴한 가격으로 굵은골재의 최대 치수, 설계기준압축강도, 슬럼프, 시멘트의 종류, 골재의 종류 등을 구입자와 생산자가 충분히 협의한 다음(레미콘인 경우는 KS F 4009의 콘크리트 종류에 해당하는 품질), 그에 따르는 시멘트, 골재, 혼화재료 및 물 등 각 재료에 대한 적절한 혼합비율을 결정하는 일련의 과정이 된다. 이때 배합조건은 "KS F 4009(레디믹스트 콘크리트)" 및 "콘크리트표준시방서" 등을 참고하여 결정하는 것이 일반적이다.

참고로 콘크리트 배합설계에 관련한 상기의 KS 및 콘크리트표준시방서의 2종류가 서로 달리 규정되어 혼란을 초래하는 것으로 혼동되는 경우가 있으나, 분명한 것은 KS의 규정은 공산품인 레미콘의 생산과 관련한 것이지만 콘크리트표준시방서의 규정은 콘크리트 제조 및 활용의 전반적인 사항과 관련된 것으로, 즉 특기시방서상 KS규정의 레미콘을 사용하도록 기술된 경우에는 KS규정을 참조하여 그에 따르지만, 현장 배처 플랜트에서 생산하는 콘크리트의 경우 생산부터 콘크리트의 운반·시공 및 유지관리에 이르는 일련의 사항은 콘크리트표준시방서의 규정에 따른다.

2) 배합의 표시 방법

배합의 표시 방법은 각 재료의 양을 콘크리트 1m^{3}에 대하여 표시하거나 시멘트 1포에 대한 양으로 표시하거나 시멘트 1에 대한 골재의 용적비율로 표시하는 것이 보통이다.

보통 콘크리트 배합은 1m^{3}에 대한 재료량으로 하고 계량 방법에 따라 용적배합과 질량배합으로 나누는데, 용적배합은 다시 절대용적배합, 표준계량에 의한 용적배합, 현장계량에 의한 용적배합 및 임의계량에 의한 용적배합이 있다.

(a) 절대용적배합

각 재료를 콘크리트 1m^{3}당 공극이 전혀 없는 상태로 가정한 절대용적(l)으로 표시한 배합이다. 각 배합의 기본이 되고 가장 중요한 의미를 갖는데, 절대용적배합에 밀도를 곱하게 되면 질량배합이 된다.

(b) 표준계량 용적배합

콘크리트 1m^{3}당 재료량을 시멘트는 포대 수, 골재는 단위용적질량 시험 방법의 다짐대 혹은 충격을 이용하는 시험 방법에 의한 다짐, 즉 표준적으로 다져진 상태의 용적으로 표시한 배합이다.

(c) 현장계량 용적배합

콘크리트 1m^{3}당 재료량을 시멘트는 포대 수, 골재는 보통 현장계량용적(m^3)에 의한 다져지지 않은 상태의 용적으로 표시한 배합이다.

(d) 임의계량 용적배합

콘크리트 1m^{3}의 제조에 소요되는 각 재료량은 현장계량 용적배합과 유사한 방법으로 실시되나 단, 계량과정에서 로더, 유압식 백호(backhoe) 등 종래의 질통계량 용적배합과 다른 임의 용적배합 계량 방법이 적용되는 배합이다.

(e) 질량배합

이 배합은 각 재료를 콘크리트 1m^{3}당 질량(kg)으로 표시한 배합으로 우리나라 레미콘사의 실무 레미콘 생산 등 콘크리트 제조에서 주로 이용된다.

종합해 보면, 실무 레미콘 등의 경우 배합재료의 유지관리에는 절대용적배합으로 하고, 출하관리는 질량배합으로 실시함으로써 약간의 재료 변동 등 변화에 대하여 배합된 전체 콘크리트양에 과부족의 변동이 발생하거나 품질의 변화가 발생하지 않게 하는 것이 배합관리의 중요한 요점이다.

2.3.2 배합설계 순서

일반적인 배합설계의 순서는 표현하는 방법에 따라 약간씩 다르기는 하지만 근본적인 것은 동일한 의미를 갖는데, 전반적인 배합설계의 흐름도 및 순서는 그림 2.2와 같다[4].

2.2.3 배합설계 방법

1) 요구성능의 설정

콘크리트의 배합설계를 진행함에 있어 콘크리트 요구성능의 설정은 표 2.9와 같이 주로 시공성, 강도 및 내구성이 된다. 그런데 이들 요구성능의 설정은 목적하고자 하는 콘크리트가 사용되는 구조물이나 부재의 용도, 규모, 구조 특성, 환경조건 및 사용할 수 있는 재료의 품질, 적용할 수 있는 시공 방법, 기대할 수 있는 시공관리의 정밀도, 시공할 때 예상되는 기상 조건, 공사기간 등을 고려하여 배합설계의 목표값으로 설계를 진행하기 전에 제시 되는데, 이에 부응하여 후술하는 배합조건이 설정된다.

단, 레미콘 공장에서 실시하는 배합설계의 경우는 특수 요구에 따른 특주품인 경우는 상기에 따르겠지만, 표준품인 경우는 표 2.4와 같이 KS F 4009의 레미콘 종류표에 맞추어 질량 및 용도에 따른 콘크리트의 종류, 굵은골재의 최대 치수별로 나눈 다음, 호칭강도와 슬럼프로 조합된 ○표 부분을 배합설계하는 것이 목표로 하는 요구성능의 설정이 된다.

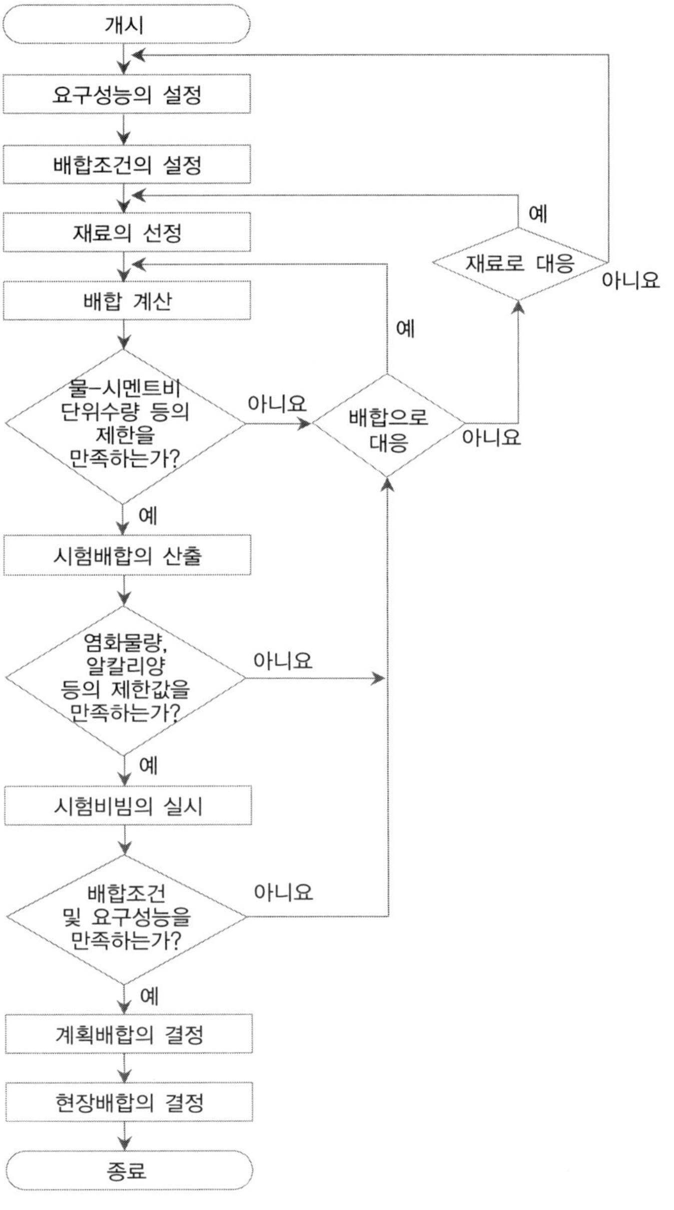

그림 2.2 **전반적인 배합설계의 흐름도**[4)]

표 2.9 **배합설계에서 목표로 한 품질에 영향을 주는 요인**[4)]

품질 기준	영향 요인
구조설계	– 강도 : W/B, 시멘트 품질, 골재(형상, 표면 조직, 입도, 물리 · 화학적 안정성), 혼화재료 단위수량, 공기량, 양생 – 변형 : W/B, 굵은골재의 종류 및 양, 혼화재의 종류 및 양, 건습 상태 – 질량 : 골재의 종류 및 양, 건습 상태
내구설계	– 중성화 저항성 : W/B, 시멘트 종류, 연행공기량, 골재의 종류, 탄산가스 농도 – 염화물 침투저항성 : W/B, 염화물량, 시멘트 종류, 단위수량 – 표면노화 저항성 : W/B, 골재의 종류, 단위수량, 잔골재량 – 철근 방청성 : W/B, 염화물량 – 알칼리골재반응 저항성 : 골재 종류, 알칼리양, 함수량, 습도, 온도, 시멘트 종류 및 양 – 균열저항성 : 단위수량, 단위시멘트양, 잔골재율, 골재 종류 – 동결융해 저항성 : 골재 종류, 연행공기량, 온도, 습도 – 마모 저항성 : W/B, 골재의 종류, 단위수량, 양생, 잔골재 중의 미립분량 – 수밀성 : W/B, 골재의 최대 치수, 단위수량 – 내열성(내화성) : 골재의 종류, 온도
시공성	– 시공상의 요구강도 : W/B, 시멘트 종류, 혼화재 종류 및 양, 화학혼화제의 종류 및 양 – 응결시간 : 시멘트 종류, 혼화재 종류 및 양, 화학혼화제의 종류 및 양 – 워커빌리티 – 유동성 : 슬럼프, 슬럼프 플로, 공기량 – 재료분리 저항성 : 슬럼프, 슬럼프 플로, 잔골재율

2) 배합조건의 설정

일반적으로 배합조건은 설계기준압축강도 혹은 호칭강도보다 할증된 배합강도와 운반거리 · 운반 장비 등에 의한 슬럼프 손실(slump loss)과 공기량 손실(air loss)을 감안한 목표 슬럼프 및 공기량으로 정하고, 경량 콘크리트인 경우에는 단위용적질량, 한중 및 서중 콘크리트인 경우에는 콘크리트 온도가 추가된다.

또한 콘크리트표준시방서에는 상기 이외에도 내구성 및 기타 성능을 확보하기 위하여 표 2.10과 같이 슬럼프, 공기량, 물-시멘트비, 단위수량, 단위시멘트양, 염화물량, 콘크리트 온도에 대하여 규정값이 설정되어 있으며, 필요에 따라 이들 값을 배합조건으로 설정한다.

배합설계를 할 때 설계대상을 규정하기 위한 흐름도는 그림 2.3과 같은데, 중요한 것은 배합조건의 대상을 운반된 콘크리트보다도 구조체 콘크리트에 두어야 함에 특히 유의해야 한다.

또한 레미콘의 경우에는 표 2.8의 레디믹스트 콘크리트 배합표의 서식을 염두에 둔 배합설계 조건의 설정으로서 호칭 방법은 콘크리트 종류에 의한 구분, 굵은골재의 최대 치수에 의한 구분, 호칭강도, 슬럼프 또는 슬럼프 플로가 있고, 지정 사항은 단위용적질량, 공기량, 콘크리트 온도, 호칭강도를 보증하는 재령, 물결합재비의 상한값, 단위 결합재량의 하한값 또는 상한값 및 유동화 콘크리트의 경우는 베이스 콘크리트에 대한 슬럼프 증대량이 포함된다.

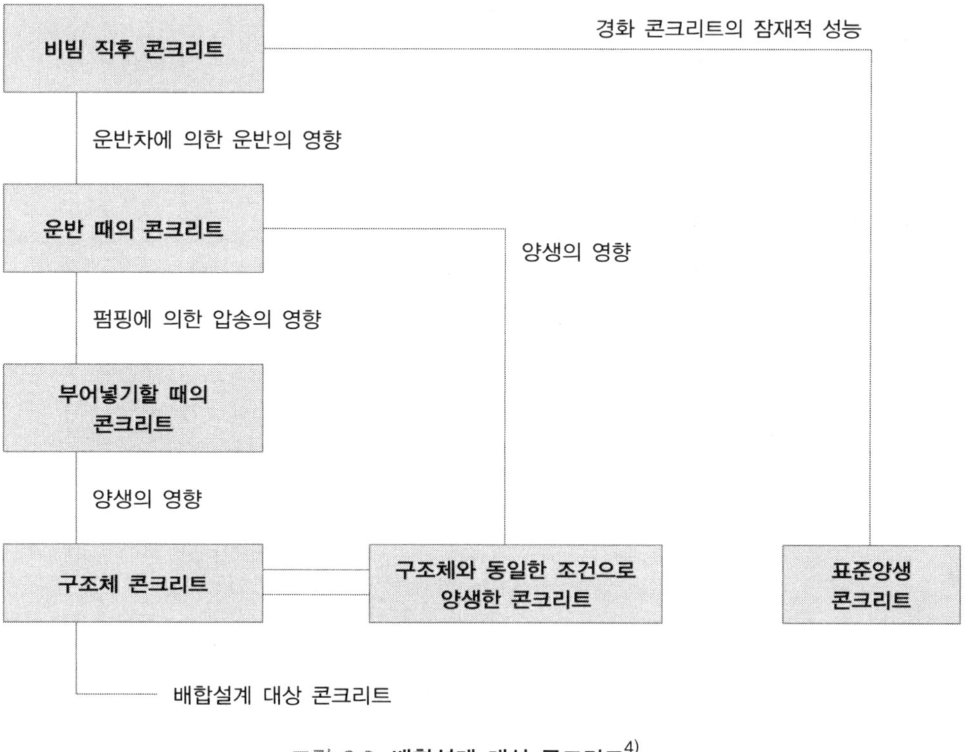

그림 2.3 **배합설계 대상 콘크리트**[4)]

3) 기타 배합설계 방법

기타 콘크리트의 배합설계 방법으로 재료의 선정, 계획배합의 설정 및 결정, 현장배합의 설정 등 구체적인 배합설계 방법은 콘크리트표준시방서 및 기타 배합설계 관련 참고문헌을 참조한다.

표 2.10 콘크리트표준시방서에 따른 계획배합을 정할 때의 각종 규제[2)]

콘크리트 종류	슬럼프 최대 값 (mm)	공기량 표준값 (%)	물-시멘트비의 최대 값 (%)	단위 수량 최대 값 (kg/m³)	시멘트양 최소 값 (kg/m³)	온도 (℃)
일반	철근콘크리트 일반: 80~150 철근콘크리트 단면 큼: 60~120 무근콘크리트 일반: 50~150 무근콘크리트 단면 큼: 50~100	굵은골재 최대 치수(mm) / 심한 노출[1)] / 보통 노출[2)] 10 / 7.5 / 6.0 15 / 7.0 / 5.5 20 / 6.0 / 5.0 25 / 6.0 / 4.5 40 / 5.5 / 4.5	노출 상태 / A[3)] B[4)] / 50 C[5)] / 45 D[6)] / 40			
수밀	180, 120(타설 용이)	4 이하	50			
한중			60			5~20
서중						35
유동화	종류 / 베이스 / 유동화 보통 / 150 / 210 경량 / 180 / 210					
팽창		일반 콘크리트 및 경량골재 콘크리트 규정에 따름			보통 콘크리트 (260) 경량 콘크리트 (300)	
프리스트레스			45 (PSC그라우트)			한중 PSC 그라우트 10~25
매스						
경량	50~180	일반 콘크리트보다 1% 크게	일반과 동일			
해양		환경조건 / 골재 20 / 25 / 40 E[7)] / 6 / 6 / 5.5 F[8)] / 5 / 4.5 / 4.5 G[9)] / 4 / 4 / 4	시공\환경 / H[10)] / I[11)] J[12)] / 50 / 50 K[13)] / 45 / 50 L[14)] / 40 / 45 AE무근 콘크리트: 표의 값+10		환경조건 / 골재 20 / 25 / 40 M[15)] / 340 / 330 / 300 N[16)] / 310 / 300 / 280	
고유동	SF=600 이상					
고강도						
순환골재		일반 +1%				
폴리머			30~60 (가능한 작게)			5~35

표 2.10 **계속**

<table>
<tr><td rowspan="7">수중</td><td rowspan="2">일반</td><td>O[17]</td><td>130~180</td><td rowspan="2"></td><td colspan="3" rowspan="2">50</td><td rowspan="2"></td><td rowspan="2"></td><td rowspan="2">370</td><td rowspan="2"></td></tr>
<tr><td>P[18]</td><td>100~150</td></tr>
<tr><td rowspan="4">수중
불분리
(SF)</td><td>Q[19]</td><td>350~400</td><td rowspan="4">4%
이하</td><td rowspan="2">종류
환경</td><td rowspan="2">무근콘</td><td rowspan="2">철근콘</td><td rowspan="4"></td><td rowspan="4"></td><td rowspan="4">300</td><td rowspan="4"></td></tr>
<tr><td>R[20]</td><td>400~500</td></tr>
<tr><td>S[21]</td><td>450~550</td><td>담수</td><td>65</td><td>55</td></tr>
<tr><td>T[22]</td><td>550~600</td><td>해수</td><td>60</td><td>50</td></tr>
<tr><td>말뚝,
연속벽</td><td colspan="2">180~210</td><td></td><td colspan="3">55</td><td></td><td></td><td>350</td><td></td></tr>
<tr><td>프리
플레이스트</td><td colspan="3"></td><td></td><td colspan="3"></td><td></td><td></td><td></td><td></td></tr>
<tr><td>방사선
차폐용</td><td colspan="3">150 이하</td><td></td><td colspan="3">50</td><td></td><td></td><td></td><td></td></tr>
<tr><td>섬유보강</td><td colspan="3"></td><td></td><td colspan="3"></td><td></td><td></td><td></td><td></td></tr>
<tr><td>숏크리트</td><td colspan="3">120 이상
(베이스 콘크리트)</td><td></td><td colspan="3"></td><td></td><td></td><td></td><td></td></tr>
<tr><td>공장제품</td><td colspan="3"></td><td></td><td colspan="3"></td><td></td><td></td><td></td><td></td></tr>
<tr><td>포장</td><td colspan="3">40</td><td>4~6</td><td colspan="3"></td><td></td><td>150</td><td></td><td></td></tr>
<tr><td>댐</td><td colspan="3">가능한 된반죽</td><td></td><td colspan="3"></td><td></td><td></td><td></td><td></td></tr>
</table>

주 1) 동절기에 수분과 지속적인 접촉이 이루어져 결빙되거나 제빙화학제를 사용하는 경우
2) 간혹 수분과 접촉하여 결빙되면서 제빙화학제를 사용하지 않는 경우
3) 보통골재 콘크리트 최대 물-결합재비
4) 물에 노출되었을 때 낮은 투수성이 요구되는 콘크리트
5) 습한 상태에서 동결융해 또는 제빙화학제에 노출된 콘크리트
6) 제빙화학제, 염, 소금물, 바닷물에 노출되거나 이런 종류들이 살포된 콘크리트의 철근부식 방지
7) 동결융해 작용을 받을 염려가 있는 경우(물보라, 간만대 지역)
8) 동결융해 작용을 받을 염려가 있는 경우(해상 대기중)
9) 동결융해 작용을 받을 염려가 없는 경우
10) 일반현장 시공의 경우
11) 공장제품 또는 재료의 선정 및 시공에서 공장제품과 동등 이상의 품질이 보증될 때
12) 해중
13) 해상 대기중
14) 물보라지역, 간만대 지역
15) 물보라지역, 간만대 및 해상 대기중
16) 해중
17) 트레미, 콘크리트 펌프
18) 밑열림 상자, 밑열림 포대
19) 급경사면의 장석(1:1.5~1:2)의 고결, 사면의 엷은 슬래브(1:8 정도까지)의 시공 등에서 유동성을 적게 하고 싶은 경우
20) 단순한 형상의 부분에 타설하는 경우
21) 일반적인 경우, 표준적인 철근콘크리트 구조물에 타설하는 경우
22) 복잡한 형상의 부분에 타설하는 경우, 특별히 양호한 유동성이 요구되는 경우
* 공란 부분은 기본 시방서에 따름

참/고/문/헌

1) 한국콘크리트학회 편, 현장콘크리트 품질관리 지침(안) 및 해설, 한국콘크리트학회(KCI-M-04-013), 2005.

2) 한국콘크리트학회, 콘크리트표준시방서 해설, 기문당, 2010.

3) 대한건축학회, 건축공사 표준시방서, 기문당, 2006.

4) 한천구, 콘크리트의 특성과 배합설계, 기문당, 2011.

제 3 장 콘크리트의 제조 및 운반

3.1 콘크리트의 제조

3.1.1 사용 재료관리

레미콘의 제조 공정은 계량과 혼합이라는 단순한 과정에 지나지 않지만 사용 재료의 품질 편차가 크고, 모든 공정을 기계적, 자동적으로 완전히 안정된 상태로 관리 가능한 제조 기술이나 설비가 아직까지는 완벽히 정리되어 있지 않다. 따라서 콘크리트의 제조 과정에서 품질관리가 중요한 요소일 수밖에 없다.

레미콘 공장에서 콘크리트를 제조하는 경우, 생산자는 KS F 4009의 규정과 기술표준원이 정한 「레디믹스트 콘크리트에 관한 KS 표시인증 심사기준」에 의해 최종 사용하는 지점에 배달되는 콘크리트의 품질을 보증하도록 제조 공정 전반에 걸쳐 충분한 품질관리를 해야 한다. 그렇기 때문에 생산자는 소요의 품질을 확보하기 위해 제조 공정에서 관리해야만 하는 항목이 정해져 있고, 제품 품질의 목표를 달성하기 위해 필요한 관리 폭을 항목별로 규정하고 있다.

이러한 일일 작업에서 정해진 항목에 대해서 필요한 빈도로 실험을 실시하고, 그 결과를 기초로 하여 제조한 레미콘의 실험값이 관리 폭에 들어갈 수 있도록 하는 모든 행위가 제조 공정관리이다. 이러한 제조 공정관리 중 우선적으로 검토해야 할 것으로 사용 재료에 대한 품질관리를 들 수 있다. 사용 재료를 인수검사할 때 규정에 불합격한 제품이 나오는 경우 재검사를 실시하여 확인하고 재검할 때에도 불합격인 경우는 반품 또는 교체하고 그 원인을 조사해야 한다.

1) 시멘트

시멘트의 물리·화학적 성질은 매월 시험성적서를 통하여 확인해야 하고 시멘트의 시험결과가 시멘트 종류별 한국산업표준(KS) 항목에 정하고 있는 품질규정을 만족하도록 관리해야 한다. 시멘트는 일반적으로 사일로에 보관하고 보관 및 수송 중에 다른 종류의 시멘트와 섞이지 않도록 주의해야 한다. 표 3.1에 KS표시 인증 심사기준에서 규정하고 있는 시멘트의 품질 시험 및 검사 항목을 나타내었다.

표 3.1 **시멘트의 품질 시험 및 검사**

구분	관리 항목	품질 기준	시험 횟수	비고
시멘트	KS에 규정한 품질 항목	KS L 5201, 5210, 5211, 5401	1회/월 이상	- 검사 항목에 대하여 매 입고 시 자체 검사 실시 - 품질이 안정되었다고 판단될 경우 제조공장의 시험성적서로 대체 가능

2) 골재

골재의 품질검사는 구입 계약을 할 때 시 자체에서 시험을 실시하거나 공인기관의 시험성적서에 따라 품질을 확인해야 하며, 골재의 시험결과가 골재의 종류에 따라 KS F 2526(콘크리트용 골재), KS F 2527(콘크리트용 부순 골재), KS F 2534(구조용 경량골재), KS F 2543(콘크리트용 동슬래그 골재), KS F 2544(콘크리트용 고로슬래그 골재), KS F 2573(콘크리트용 순환골재), KS F 2583(콘크리트용 연슬래그 골재) 또는 이와 동등 이상의 품질이어야 한다. 한편 골재의 보관 또는 운송 중에는 굵은 입자 등이 분리되지 않도록 주의해야 한다. 또한 2종 이상의 골재를 혼합하여 사용하는 경우에는 혼합하는 골재의 종류, 혼합 비율, 혼합 방법을 명시하고 혼합된 골재의 품질을 시험해야 하며, 골재원이 변동될 때 또는 품질 변동이 있을 때에는 그때마다 검사를 실시해야 한다. 표 3.2에 KS표시 인증 심사기준에서 규정하고 있는 골재의 품질 시험 및 검사 항목을 나타내었다.

표 3.2 **골재의 품질 시험 및 검사**

구분	관리 항목	품질 기준	시험 방법	시험 횟수	비고
골재	밀도(절대건조)	KS F 2526 KS F 2534 KS F 2527 KS F 2573	KS F 2504	1회/월 이상	
	흡수율		KS F 2504	1회/월 이상	
	입도		KS F 2502	1회/월 이상	
	조립률		KS F 2502	1회/월 이상	
	점토 덩어리		KS F 2512	1회/월 이상	
	0.08mm체 통과량		KS F 2511	1회/월 이상	산 모래의 경우 주 1회 이상
	유기불순물		KS F 2510	1회/월 이상	
	NaCl 함유량		KS F 2515	1회/월 이상	바닷모래의 경우 1일 2회 이상
	안정성		KS F 2507	1회/년 이상	
	연한 석편		KS F 2516	1회/년 이상	
	마모감량		KS F 2508	1회/년 이상	
	단위용적질량		KS F 2505	1회/월 이상	인공경량 골재
	입형판정 실적률		KS F 2505	1회/월 이상	부순골재, 순환골재
	알칼리골재반응		KS F 2545	1회/년 이상	부순골재, 순환골재

* 이외 고로, 동, 연슬래그 골재도 해당 KS의 기준의 시험 횟수에 맞춰 시험을 실시하고 적합한 품질을 확인하고 사용해야 한다.

3) 혼화재료 및 사용수

표 3.3에 KS표시 인증 심사기준에서 규정하고 있는 혼화재료 및 사용수에 대한 품질 시험 및 검사 항목을 나타내었다. 혼화재료는 플라이애쉬, 고로슬래그 미분말, 실리카 퓸, 화학혼화제 등 종류가 많고 그 사용 방법과 효과도 서로 다르기 때문에 품질과 시험성적을 잘 검토하여 콘크리트나 강재에 나쁜 영향을 미치지 않는 것을 선정하며, 사용할 때는 미리 사용자의 승인을 얻어야 한다.

혼화재료의 품질검사로 혼화재는 상표, 고화물의 유무 등 신선도를 확인하고, 혼화재료의 성분이나 물성에 대해서는 제조회사에서 제공한 시험성적서에 의해 확인한다. 혼화재료의 염화물량에 대해서는 염화물량 규제를 고려하여 염화물량이 적은 것을 선정하는 것이 좋다. 또 혼화제 용액의 경우 액체비중을 비중계로 측정하여 품질을 개략적으로 확인한다. 혼화재료의 반입 및 품질관리를 위한 시험, 검사는 표 3.3을 표준으로 하며, 그 결과가 혼화재료의 종류에 따라 한국산업표준(KS) 품질규정을 만족해야 한다.

혼화재료의 저장에 있어서 혼화재는 사일로에 보관하는 방법과 실내에 보관하는 방법이 있다. 어떤 방법이든 시멘트의 경우와 유사한 보관 방법이 필요하며, 수축저감제 등은 포대로 저장하는 경우 저장기간을 짧게 하며 시트 등을 덮어 방습에 유의해야 한다. 혼화제 용액은 저장탱크에 보관하고 이물질이 혼합되지 않도록 하고, 장기적인 보관에 의해 침전되거나 품질이 변화되지 않도록 해야 하며, 직사광선이나 동결에 의해 변질되는 것도 있으므로 주의하도록 한다.

사용수의 경우는 KS F 4009의 부속서 2에 구체적인 품질 기준이 제시되어 있으며, 사용수로 사용되는 회수수의 경우 슬러지수의 농도를 시멘트양에 대한 슬러지 고형분이 3% 이하가 되도록 관리해야 한다[4].

표 3.3 **혼화재료 및 사용수의 품질 시험 및 검사**

구분	관리 항목	시험 검사 방법	시험 방법	비고
혼화재료	KS F 2560, KS F 2561, KS F 2562, KS F 2563, KS F 2567 및 KS L 5405에 규정된 검사 항목	제조회사의 시험 성적서에 의한 확인 또는 해당 KS에 규정된 방법	- 검사 항목에 대하여 월 1회 이상 제조사의 시험성적서를 확인, 또는 자체에서 시험을 실시 - KS 인증 제품이 아닌 경우에는 플라이애쉬의 경우 강열감량, 고로슬래그 미분말의 경우 비표면적(분말도)은 일 1회 이상 자체 시험 또는 외부 시험을 통해 확인	
사용수	KS F 4009	KS F 4009 부속서 2	- 1회/년 이상 - 회수수는 품질 변동 및 배합설계에 차질이 없도록 관리주기를 정하여 관리	

3.1.2 레디믹스트 콘크리트의 제조 과정

레미콘 공장에서 콘크리트를 제조하기 위해서는 필요한 원재료의 인수·저장·공급 설비, 배처 플랜트 내의 계량 직전의 원재료를 일시 저장하는 각 재료의 저장고, 계량·혼합설비 및 기타 부대 설비 등이 제조 공정에 따라 필요로 하게 되며, 소요의 품질을 가진 레미콘을 제조하기 위해서는 각 설비가 각각 요구되는 능력을 발휘할 필요가 있으므로 일상 점검 및 정비에 따른 적절한 상태의 유지 및 관리를 적극적으로 하는 것이 중요하다. 일반적인 레미콘 공장의 제조 공정을 그림 3.1에 나타내었다.

레미콘의 제조 방식은 현장 고정식 믹서 방식(stationary mixing), 레디믹스트 콘크리트 방식(ready mixed concrete), 이동식 배처 믹싱 콘크리트 방식(mobile batcher mixed concrete)으로 크게 구분할 수 있으며, 그중 레디믹스트 콘크리트 방식에는 콘크리트의 비빔을 정치식 배처 플랜트 내의 고정식 믹서에서 수행하는지, 아니면 운반 장비인 트럭 믹서(truck mixer)의 드럼으로 수행하는가에 따라 일반적으로 습식 방식인 센트럴 믹싱(central mixing), 쉬링크 믹싱(shrink mixing)과 건식 방식인 트랜싯 믹싱(transit mixing)의 3가지로 분류된다.

여기서, 트랜싯 믹싱 방식 가운데 시멘트, 모래, 자갈의 건재료를 트럭 믹서에 투입하고 현장까지 운반 후 비빔수와 혼화제를 투입하여 혼합하는 방법이 있는데, 이를 건식 배치(dry batching)라고 말하며, 미국 및 동아시아에서는 레미콘 산업의 발달 과정이 다소 상이하여 트랜싯 믹싱 방법이 매우 활성화되어 있는데, 이는 원거리 현장 공급 및 기후조건에 따른 품질 변동을 방지하기 위하여 건식 배치에 의한 트랜싯 믹싱 방법이 보급되어 있다. 그러나 우리나라에서는 레미콘에 관한 규격에서 고정식 믹서에서 완전히 믹싱 후 에지데이터 트럭 등으로 운반하는 방식의 센트럴 믹싱만을 대상으로 규정하고 있어 KS표시 허가 공장으로 지정받기 위해서는 이 방식을 택해야 하는 현실이다[9].

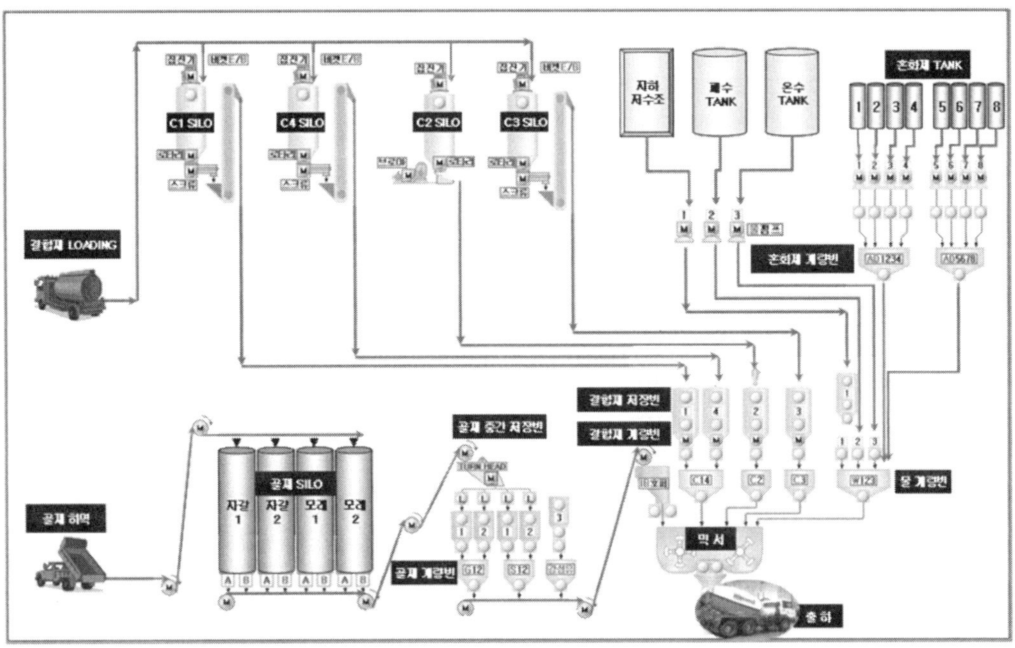

그림 3.1 **레미콘 공장에서 콘크리트를 제조하는 일반적인 제조 공정 예**[6]

레미콘을 생산하는 배처 플랜트는 일반적으로 재료의 저장설비, 계량설비, 혼합설비, 관리장치 및 부대설비로 구성된다. 배처 플랜트는 형상에 따라 골재의 계량부분과 믹싱부분을 별도로 설치하는 횡치형과 양자를 일체화시킨 탑형으로 구분할 수 있고, 사용 장소에 따라서 간이식, 이동식(차량형), 선상식 배처 플랜트 등으로 구분할 수 있다. 이 중 종전부터 많이 사용되는 탑형 배처 플랜트의 경우, 각 재료는 운송설비를 통해 배처 플랜트 내의 각 재료 저장조로 운송되고 저장조에 있던 각 재료는 컨트롤 패널의 조작에 의해 계량조에서 소요의 양 만큼 계량되어 믹서에 투입된 후 믹서에 의해 혼합된 콘크리트가 호퍼를 통해 레미콘 운반차에 적재되는 과정을 갖고 있다. 그림 3.2에 레미콘 배처 플랜트의 형상에 의한 분류를 나타내었다[6).

(a) 횡치형 배처 플랜트

(b) 탑형 배처 플랜트

(c) 이동식 배처 플랜트

(d) 선상식 배처 플랜트

그림 3.2 **레미콘 배처 플랜트의 형상에 따른 분류**

1) 제조관리

표 3.4는 레미콘 공장에서 콘크리트를 제조할 때 실시하는 품질관리 시험 항목을 나타낸 것이다.

① 골재의 입도나 실적률은 콘크리트의 워커빌리티, 공기량은 물론 강도에도 영향을 미치므로 골재의 입도나 실적률이 상이할 경우 배합을 보정하기 위해 측정하게 된다.

② 회수수 중 슬러지 고형분은 콘크리트 제조에 사용될 경우 콘크리트 중 단위시멘트양에 대하여 3%를 초과할 경우 품질 변동의 원인이 될 수 있으므로, 슬러지 고형분율을 상시 관리할 필요가 있어 KS F 4009 부속서 2의 방법에 따라 확인하고 있다.

③ 잔골재의 표면수율을 보정하지 않는 경우 단순히 콘크리트에 물을 가감하는 결과로 심각한 품질 변동을 초래하기 때문에 철저히 관리해야 할 대상으로, 최근에는 표면수 자동 측정기 및 보정기의 사용이 점차 확산되고 있는 추세이다.

표 3.4 **레미콘 공장에서 제조할 경우의 품질관리 시험**

관리 항목	품질 특성	시험 방법	시험 횟수	비고
잔골재	조립률	KS F 2502	1회/일 이상	경량골재는 사용할 때마다
굵은골재	실적률	KS F 2505	적절한 시기	
슬러지수	고형분	KS F 4009 부속서	2회/일	회수수를 사용할 때
잔골재 인공경량골재	표면수율 함수율	KS F 2526 KS F 2534	2회/일 이상 사용할 때마다	
계량	계량 정밀도	눈으로 확인	전체 배치	영점, 설정값 확인
		동하중 시험	1회/6개월 이상	연속 10배치
워커빌리티	균일성	눈으로 확인		전체 배치
	슬럼프	KS F 2402	2회/일 이상	전체 배치
공기량	공기량	KS F 2421	2회/일 이상	
강도	압축강도	KS F 2403	1회/일	대표적인 콘크리트
용적	단위용적질량	KS F 2409	1회/월 이상	
콘크리트 온도	온도	온도계	1회/일	
염화물량	염소이온농도	KS F 4009 부속서	1회/일 이상	바닷모래의 경우

콘크리트를 제조할 때 재료의 선택 및 배합이 적절하고 양생 등이 적절히 조치되었음에도 계량오차에 의해 W/B 등에 변화가 생겨 품질에 문제가 발생할 수도 있다. 이러한 계량오차는 계량기 자체에 의한 오차 및 저장조의 재고량이나 재료의 투입, 기타의 조작 등에 의한 동적 작용의 오차가 있다. 계량기에 의한 오차는 계량기를 정비하고 보수함으로써 충분히 줄일 수 있으나, 동적 작용에 의한 오차는 쉽게 조정하기 힘들기 때문에 각 재료의 계량오차가 적당한 한계 이내에 들도록 관리해야 한다.

계량오차를 확인하는 검사로는 정하중 검사와 동하중 검사가 있다. 계량기의 정하중 검사란 계량기 자체의 문제로 인한 오차를 검사하는 것으로, 분동을 이용하는 방법과 로드셀을 검정장치를 부착한 전기식 검사기를 이용하는 방법이 있으며, 동하중 검사는 6개월에 1회 이상 실시하여 정도의 유지를 도모한다. 계량오차는 자체의 오차(정하중 검사에 의한 오차)와 계량조 속의 재료 상태, 계량기에 재료를 공급하는 게이트의 개폐동작 등에 의해 생기는 오차의 합계로 나타나므로, 이것들에 대해서 충분한 조정해둘 필요가 있다. KS F 4009 심사기준에서는 연 2회 이상 검사를 실시하도록 하고 있다.

동하중 검사는 지시값과 설정값의 오차를 측정하여 계량제어장치를 검사하는 것으로, 이 오차는 측정량을 확인하여 계량기의 문을 닫는 순간에 빠져나오는 재료에 의해 오차가 발생하게 된다. KS F 4009 심사기준에서는 일 1회 이상 실사하도록 하고 있으며, 콘크리트표준시방서에서는 정하중 검사와 같이 계량제어장치를 공사 시작 전 및 공사 중 6개월에 1회 이상 검사하도록 규정하고 있다[4)].

2) 제조설비

(1) 사용 재료 저장 설비

사용 재료의 저장을 위한 입하 설비는 저장 사일로나 저장 탱크에 보내기 위한 설비로서 골재용 벨트 컨베이어, 시멘트용 버킷 엘리베이터나 압송용 파이프 등이 대표적인 것이다. 저장설비에는 골재용 사일로 및 시멘트, 화학혼화제 및 물 등을 위한 탱크가 있고, 골재의 저장설비 용량은 적어도 레미콘 최대 출하량의 1일분 이상 골재를 저장할 수 있는 용량이어야 한다. 이는 골재의 품질이나 표면수량의 변화에 대하여 미리 적절한 배합 조정이 이루어지도록 하기 위해서이다.

골재를 야적장 등의 저장시설에서 배처 플랜트의 본체로 운반할 때에는 벨트 컨베이어를 이용하는데, 환경적 문제로 대부분 컨베이어 외부는 밀폐되거나 원통형 파이프에 내장된 것이 사용된다. 통상적으로 컨베이어는 운반물의 미끄러짐 등을 고려하여 경사각을 18~19° 정도로 하는 것이 일반적이다.

(2) 계량설비

계량기의 하중 전달 방식은 초기의 빔 스케일 방식에서 풀 와이어 방식을 거쳐 전기저항선식인 포텐쇼미터 그리고 로드셀을 사용하는 전기식으로 변화되어 왔다.

계량장치는 계량조, 계량기 및 계량제어장치로 구성된다. 계량조는 재료의 종류별로 설치하는 것이 원칙이다. 계량기의 로드셀은 1/10,000의 감도를 가져야 하며 계량공정은 가능한 정확하게 원재료를 계량하는 것이 중요하다. 계량장치의 기능으로는 다른 배합 콘크리트 재료를 연속하여 계량할 수 있어야 하며, 잔골재의 표면수량 자동보정장치를 갖추고 있는 것도 중요하다. 무엇보다 계량에 있어서는 정밀도를 높이기 위해 동하중 설정이 매우 중요한데 이것은 미계량과 낙차보정으로 이뤄진다. 여기서, 미계량이란 처음 대략적인 계량을 하여 계량값이 90% 정도가 되면 계량 낙하량을 줄이는 것이다. 낙차 보정은 계량 게이트에서 낙하 중인 재료가 계량 호퍼에 미처 이르지 않은 것을 예측하여 100% 계량 완료의 신호를 보내는 것을 말하는데, 레디믹스트 콘크리트(KS F 4009 : 2011)에는 각 재료마다 계량오차의 허용차가 정해져 있는데 계량오차의 조정 범위는 재료별로 다음과 같다.

(a) 시멘트, 골재, 물 및 혼화재료는 각각 별도의 계량기로 계량한다.

(b) 시멘트의 그 계량오차는 1회 계량 질량의 −1%, +2% 이내여야 한다.

(c) 골재의 계량오차는 1회 계량 질량의 ±3% 이내여야 한다.

(d) 물의 계량오차는 1회 계량 질량의 −2%, +1% 이내여야 한다.

(e) 혼화재 계량오차는 1회 계량 질량의 ±2% 이내여야 한다.

(f) 혼화제는 용액으로 사용하고 질량 또는 부피로 계량하며, 그 계량오차는 1회 계량분량의 ±3% 이내여야 한다. 특히 혼화제는 사용량이 적기 때문에 저울의 감도를 감안하여 물과 일정한 비율로 희석하여 사용하면 편리하다.

(3) 혼합 설비

국내에서는 콘크리트 믹서로 가경식 믹서(KS F 8008 : 2001), 강제식 믹서(KS F 8009 : 2001)로 구분되어 있으며, 강제식 믹서에는 팬형과 2축형으로 구분되고 있다. 최근에는 고강도 콘크리트의 사용 등으로 인해 강제식 믹서의 사용이 가장 많고, 지속적으로 믹서의 혼합성능을 향상시키고 혼합시간도 단축이 가능하도록 다양한 방법의 믹서형태가 개발·도입되고 있다.

믹서의 동력원은 유압 실린더식 또는 모터식으로 혼합성능의 향상을 목적으로 인버터에 의한 가변속식도 사용되고 있으며, 믹서의 용량은 주로 1.5~3m^{3}를 주로 사용하나 생산성 증대를 위하여 4.5m^3, 6.0m^{3}의 대용량 2축형 믹서를 사용하고 있는 레미콘 공장도 있다. 표 3.5에 믹서별 주요 특성을 비교하였고 믹서 종류에 따른 공칭 용량을 표 3.6에 나타냈으며, 그림 3.3에 레미콘 공장에서 사용되고 있는 믹서의 예를 나타내었다[1),3)].

표 3.5 **믹서의 특성 비교**

구분	가경식 믹서	팬형 강제식 믹서	2축형 강제식 믹서
높이	높음	낮음	가경식과 팬형의 중간
설치 면적	2대 설치로 바닥면적이 넓어짐	가경식보다 적으나 2축믹서보다 넓음	면적을 크게 차지하지 않음
배출	중력으로 배출 (낙차 : 큼, 속도 : 느림)	저변부에서 날개로 배출 (낙차 : 작음, 속도 : 느림)	저변부에서 중력으로 배출 (낙차 : 작음, 속도 : 빠름)
마모	소	대	중
분진	많음	많음	적음

표 3.6 **믹서의 종류와 공칭 용량**

종류		공칭용량 (m^3)
가경식 믹서 (KS F 8008)	경동형(傾胴形)	0.2, 0.3, 0.4, 0.5, 0.6, 0.8
강제 혼합믹서 (KS F 8009)	수평 일축형	0.5, 0.75, 1.0, 1.5, 2.0, 2.5, 3.0
	수평 2축형	
	팬형	

믹서의 혼합성능은 KS F 4009 : 2011(레디믹스트 콘크리트)에 규정되어 있으며, 믹서로 제조한 레미콘이 KS F 2455(믹서로 비빈 콘크리트 중의 모르타르와 굵은골재량의 변화율 시험 방법)에 의해 다음의 값 이하가 되는지 확인한다. 이 시험은 혼합 직후

의 콘크리트 2개소에서 시료를 채취하고, 다음 값 이하면 콘크리트는 균등하게 혼합되고 있는 것으로 하고 있다.

- ○ 콘크리트 중의 모르타르의 단위용적질량 차 ·········· 0.8%
- ○ 콘크리트 중의 단위 굵은골재량의 차 ························5%

한편 믹서의 종류에 따른 혼합시간 규정은 콘크리트표준시방서에는 콘크리트의 혼합시간을 결정할 때 시험에 의해 정하는 것을 원칙으로 하고 있으며 가경식 믹서일 경우에는 90초 이상, 강제 혼합믹서의 경우는 60초 이상을 표준으로 하고 있다[2).]

(a) 가경식 믹서

(b) 팬형 믹서

(c) 1축형 강제식 믹서

(d) 2축형 강제식 믹서

그림 3.3 **레미콘 혼합믹서의 종류**

3) 관리장치

레미콘 공장에서는 정확하고 신속한 작업 그리고 자동화 및 작업 환경의 개선 등을 목적으로 각종 관리장치를 도입하여 사용하고 있다.

관리장치의 종류로는 골재 수분계, 슬럼프 미터, 회수수 농도 측정기 등의 공정관리장치와 배차, 출하작업의 기계화 및 납품오류 방지를 목적으로 한 출하관리장치, 생산공정의 제어, 사무자동화 등을 총괄한 컴퓨터 제어 등이 있으며, 최근에는 운반차 관리의 수단으로 GPS를 이용한 배차관리 시스템을 도입하는 사례도 증가하고 있고 스마트폰의 배급으로 인해 배차관리를 고객도 확인할 수 있는 쌍방향 시스템까지 지속적으로 발전해가고 있다. 그림 3.4에 레미콘 관리장치를 이용한 제조부터 출하까지 과정을 나타내었다[6].

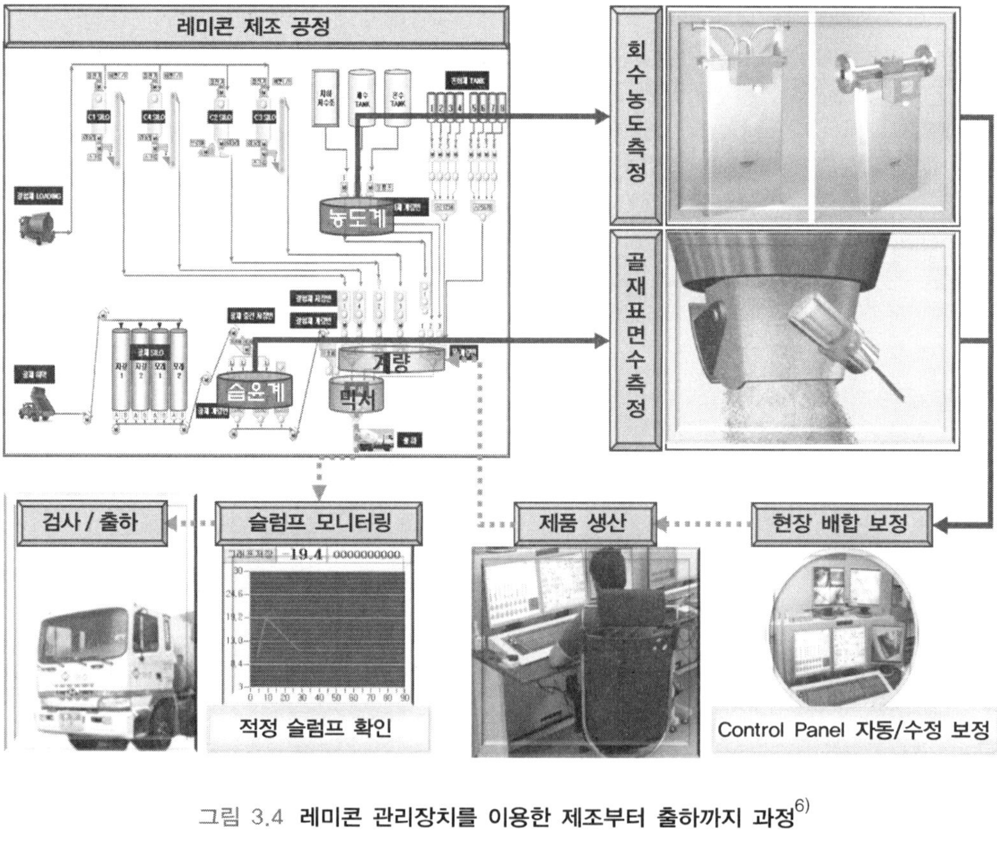

그림 3.4 **레미콘 관리장치를 이용한 제조부터 출하까지 과정**[6]

3.2 콘크리트의 대운반

3.2.1 운반

1) 운반의 목표

콘크리트를 운반할 때에는 혼합할 당시의 균질한 콘크리트를 가능한 분리시키지 않도록 고려하는 것이 중요하다. 콘크리트의 구성 재료는 시멘트, 잔골재, 굵은골재 등 각각의 재료입자의 크기가 다르기 때문에 이동과 동반하여 발생하는 관성력의 차이에 의해 분리가 발생하기 쉽다. 운반의 첫 번째 목표는 분리를 발생시키지 않는 것이며, 그러기 위해 많은 주의가 필요하게 된다. 한편 시멘트에 물을 첨가하는 시점에서 수화반응이 시작되고 시간의 경과에 따라 굳지 않은 콘크리트의 성질이 변화하게 된다. 여기서, 콘크리트의 비빔 직후 응결이 바로 시작되지 않도록 시멘트에서는 석고 등을 첨가하여 응결 조절을 실시하고 혼화제에 대해서도 응결을 지연시키는 성분을 사용하여 혼합 후 2~3시간부터 응결이 시작되도록 하고 있다. 따라서 운반의 두 번째 목표는 응결이 시작되기 전 신속하게 운반하는 것이다.

콘크리트의 운반은 레미콘 공장에서 공사현장까지 운반(대운반)과 레미콘을 짐부리기하는 장소에서 타설장소까지 운반(소운반)으로 나눌 수 있다. 소운반에 대해서는 3.2장의 내용을 참고하도록 하고, 여기에서는 레미콘 공장에서 공사현장까지 대운반에 대해서 알아보고자 한다.

2) 운반시간의 허용 범위

레미콘 공장은 판매범위를 확대하기 위해 혼합 후의 품질변화가 적도록 노력을 하지만 혼합 후 시간경과에 따라 콘크리트의 품질이 변화하기 때문에 KS F 4009, 콘크리트표준시방서 및 건축공사표준시방서 등에서는 운반시간에 대해서 표 3.7과 같은 규정을 두고 있다. 그러나 KS와 시방서 간 운반시간의 한정된 범위 차이가 발생하게 되는데, 이는 KS의 경우는 제조자의 입장, 시방서의 경우는 건설현장의 실무적 입장에서 규정되었기 때문으로 그림 3.5에 규정별 운반시간의 허용범위를 나타내었다.

KS에 규정된 레미콘의 경우는 짐부리기 시점에서 관리영역이 인도되기 때문에 그 시점에서 슬럼프나 공기량이 물량발주할 때의 계약조건이 되고, 그 후 현장 내 운반에서 일어나는 품질 변동은 시공자의 책임이 된다. 따라서 현장에서도 현장 내에서 운반할 때 일어날 수 있는 품질 변동에 대해 고려하여 짐부리기할 때의 콘크리트 품질을 결정하여 레미콘을 주문해야만 한다.

표 3.7 **운반시간의 허용 범위**

구분	KS F 4009	콘크리트표준시방서		건축공사표준시방서		
한정	혼합 후부터 공사현장 배출 직전까지	혼합 직후부터 타설 완료까지		혼합 직후부터 타설 완료까지		
한도	90분	외기온도	일반	외기온도	고내구성	일반
		25℃ 이상	90분	25℃ 이상	60분	90분
		25℃ 미만	120분	25℃ 미만	90분	120분

* 구입자와 합의하여 운반시간 변경이 가능(단축 또는 연장)하며, 슬럼프 50mm 이하의 콘크리트를 10km 이하로 운반할 경우 덤프 트럭이나 버킷을 자동차에 실어 운반하는 경우는 60분 이내.

3) 운반에 따른 품질 변동의 고려

레미콘 공장은 짐부리기할 때의 슬럼프나 공기량을 일정한 범위로 관리하여 운반할 때의 품질 변동을 예측해야 하는데, 예를 들어 운반시간 사이의 슬럼프 손실을 고려하여 슬럼프를 상승시켜 제조하는 것들을 들 수 있다. 이때 현장에 도착한 단계에서 허용 범위에 있다고 하더라도 현장여건상 대기시간이 발생할 수 있기 때문에 레미콘에서 현장관리 직원과 연계하여 대기시간까지 고려해야 할 때도 있다. 그림 3.5는 규정별 운반시간의 범위와 규정을 모식화한 것이다.

그림 3.6은 콘크리트의 슬럼프 손실의 경향을 나타낸 것이다. 일반적인 슬럼프 180mm 정도의 경우에 시간경과에 따라 슬럼프 손실이 크고, 저 슬럼프에서는 비교적 손실은 적다. 또한 고성능 AE 감수제를 사용한 경우는 혼화제에 슬럼프 손실 저감성능(슬럼프 유지 성능)이 포함되어 있기 때문에 시간의 경과에 따른 유지 성능이 크고 그 후 저하하는 경향이 있다. 특히, 고유동 콘크리트나 고강도 콘크리트 등과 같이 고성능 AE 감수제를 다량 사용한 경우에는 그 경향이 크다.

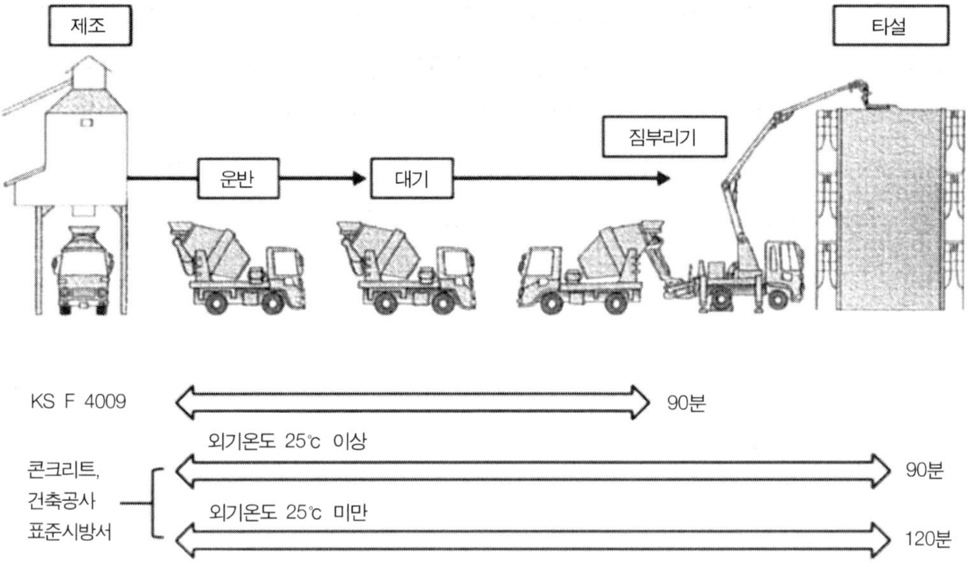

그림 3.5 **규정별 운반시간의 허용범위**

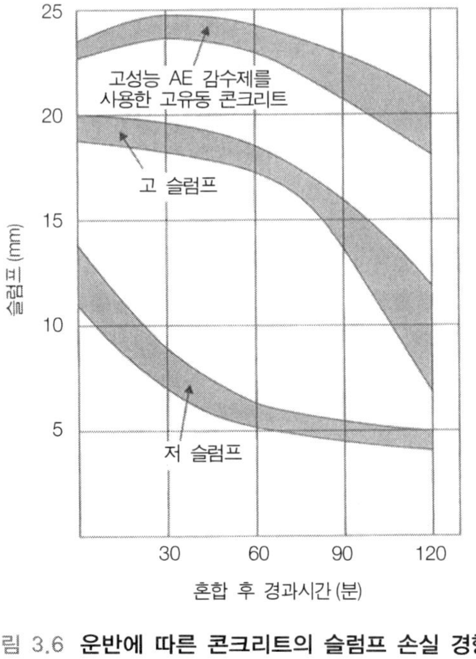

그림 3.6 **운반에 따른 콘크리트의 슬럼프 손실 경향**

공기량은 슬럼프와 마찬가지로 감소하는 경향이 있지만 고유동 콘크리트나 수중불분리 콘크리트 등 점성이 높은 콘크리트는 반대로 공기량이 늘어나는 경우도 있다.

슬럼프 손실 대책으로는 사전대책으로 에지데이터 트럭의 살수냉각(여름철), 지연형 AE감수제나 슬럼프 손실 저감 타입의 혼화제 사용 등이 있을 수 있고, 슬럼프 손실이 발생한 경우의 대책으로는 유동화제를 준비해두는 것도 좋다[5].

3.2.2 운반관리

1) GPS 시스템을 통한 운반관리

최근 레미콘 운송의 효율화를 목적으로 GPS를 사용한 운반관리 시스템을 도입하는 공장이 늘고 있다. GPS 시스템이란 GPS(global positioning system)을 이용해서 레미콘 운반차의 배차효율·가동효율을 높이기 위해 GPS 위성에서 각 레미콘 운반차의 위치 정보를 얻거나 레미콘 운반차의 운행 정보가 휴대전화망의 고속 데이터 센터로 보내져 인터넷을 통해 레미콘 공장의 시스템상 실시간으로 운반차 차량 운행 정보의 파악이 가능한 시스템이다.

이 시스템을 효율적으로 이용한다면 실시간으로 운반차의 위치 파악이 가능하기 때문에 현장으로 과잉 배차를 줄일 수 있음과 동시에 운반차의 현재 위치 등의 운반 상태의 정보 서비스도 현장에 공급이 가능하게 된다. 또한 출하 예정에서 배차계획을 세울 때에는 운반시간 등을 입력함으로써 운반 상태의 시뮬레이션이 가능하기 때문에 쉽게 적정한 배차대수를 결정하는 것이 가능하다.

실적 데이터의 축적에 의해 차기 배차대수를 참고하는 것이 가능하게 되고 배차대수의 절감도 도모할 수 있는 가능성이 있다. 최근에는 생산자 측면의 배차관리의 활용으로 고객과 함께 정보를 공유할 수 있는 쌍방향 GPS 시스템까지 지속적으로 발전하여 고객 측면에서 타설계획에도 도움이 될 수 있도록 진행되고 있다. 그림 3.7에 GPS를 활용한 배차관리 시스템에 대해서 나타냈었고, 그림 3.8에 쌍방형 GPS 시스템의 예를 나타냈다[3),6)].

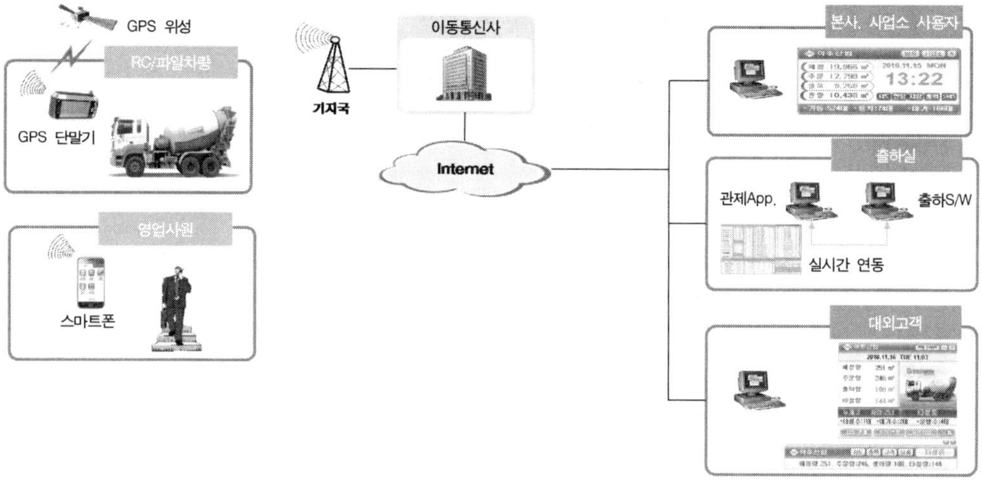

그림 3.7 **GPS을 활용한 배차관리 시스템**[6)]

그림 3.8 **GPS 쌍방향 시스템**

2) 운반차의 관리

콘크리트의 운반은 트럭 믹서, 에지데이터 트럭 및 덤프 트럭으로 사용이 가능하며, 일반적으로 상용되고 있는 운반차는 대부분 콘크리트 배처 플랜트(concrete batch plant)에서 혼합된 콘크리트를 적재하여 타설현장까지 운반할 때 골재와 모르타르가 분리되거나 응결되는 것을 방지하기 위하여 교반하면서 운반하는 에지데이터 트럭(agitator truck)을 사용하고 있다.

트럭 믹서는 소정의 배합대로 시멘트, 물, 잔골재, 굵은골재를 각각 계량하여 트럭 믹서의 드럼 안에 투입한 후, 그 드럼을 회전시키는 데에 따라 혼합작업이 되고 콘크리트를 혼합하는 데 필요한 물은 트럭 자체에 설치된 탱크에 저장하고 타설현장까지 주행하면서 시멘트, 잔골재, 굵은골재 등의 혼합물에 물을 주입하여 혼합하는, 이른바

드라이 믹서(dry mixer)로 사용하는 방법 등이 있다. 현재 국내에서는 트럭 믹서가 사용되지 않고 있으나 미국 및 유럽의 레미콘 공장에서는 공장 믹서를 설치하지 않은 배처 플랜트도 많고, 우리나라에서 레미콘의 비빔과 운반에 사용하고 있는 경사형 트럭 에지데이터와 동일한 외형의 운반차가 트럭 믹서로서 사용되고 있다. 덤프 트럭은 슬럼프 25mm 이하의 콘크리트를 운반하는 경우에 한하여 사용할 수 있다.

(1) 에지데이터 트럭의 관리

전술한 바와 같이 레미콘 공장에서 소요의 품질을 만족하도록 제조된 콘크리트를 운반하는 에지데이터 트럭은 운송 중에 그 품질에 악영향을 미쳐서는 안 된다. 즉, 공장에서 균일하게 혼합된 레미콘을 그 균일성을 유지하면서 운반되어 배출시점에서 신속하게 배출이 가능한 성능을 구비하는 것이 에지데이터 트럭의 기본적인 필요조건이다. 에지데이터 트럭은 이러한 기능 외에 부속장치로서 호퍼 커버, 슈트 세척 장치 및 이물질 제거 장치 등이 부착되어 있다.

최근에는 환경성능이나 에너지 저감 성능을 가지기 위해 드럼 회전 구동원인 유압 시스템을 전자제어하여 부하에 따라 엔진의 회전을 조절함으로써 연비 개선을 도모하거나 소음 저감을 위한 것들이 개발되고 있다. 그 외에 운반 중 레미콘의 온도상승을 억제하기 위해 세계적으로 유일하게 우리나라에서만 에지데이터 트럭 드럼에 커버(부직포)를 장착해 왔으나, 이는 드럼커버로서 목적인 보온·보냉효과가 크지 않아 품질의 보완적 기능을 하지 못하고 외부환경에 의해 천의 오염과 훼손으로 주기적 교체가 필요해 레미콘 산업의 이미지 하락과 교체에 따른 비용이 발생하며, 드럼 커버와 드럼 사이의 공기순환이 되지 않아 드럼의 부식을 유발하는 등의 문제점이 나타나고 있다. 따라서 일부 대형 콘크리트 제조사에서는 레미콘 차량이 혐오 차량이라는 인식에서 벗어나 친환경 차량이라는 레미콘 업계의 이미지를 제고하고, 드럼 내부 콘크리트의 보온·보냉성 향상을 통해 대기온도변화에 따른 콘크리트의 품질변화를 방지하고자 인슐래드 도장(중공 마이크로 필러가 함유된 단열 페인트) 시스템을 도입했거나 검토하고 있는 실정이다. 인슐래드 시스템이란 NASA의 첨단기술로 우주왕복선이 대기권을 벗어날 때의 고온에서 보호해주기 위해 개발된 특수 세라믹을 응용한 제품으로서 단열성능이 상당히 우수한 제품으로 현재 단열페인트 등에 사용되고 있다. 이러한 인슐래드를 에지데이터 트럭의 드럼에 첨가하여 페인트 도장을 실시함으로써 레미콘 차량 드럼의 보온성 확보를 통한 품질 안정성을 유도하고 외관을 개선함으로써 친

환경 이미지 제고 등을 가져올 수 있는 시스템이라 할 수 있다[6].

다음 그림 3.9에 인슐래드 도장을 실시한 레미콘 차량의 예를 나타내었다.

(a) 드럼 커버 (b) 인슐래드 도장

그림 3.9 **인슐래드 도장을 실시한 레미콘 차량**

(2) 에지데이터 트럭의 성능

에지데이터 트럭의 성능에는 보다 많은 레미콘을 운반하기 위한 적재 성능, 운반 중 레미콘의 품질을 확보하기 위한 교반 성능, 운전자 의지에 따라 원활한 배출이 가능한 배출 성능 및 교반 성능과 배출 성능을 장기간 유지하기 위한 내마모 성능이 있다[2),3)].

(a) 적재성능

콘크리트의 운반효율을 고려하면 적재량이 많은 쪽이 좋은 것은 당연하지만 에지데이터 트럭은 도로를 주행하므로 차량 총중량이 차량 운송법으로 규정되어 있다. 따라서 운반효율을 향상시키기 위해서는 드럼의 최대 혼합용량을 넘는 적재가 가능하지 않으므로 레미콘 공장의 효율적인 배차관리가 요구되며, 국내의 경우 처음에는 주로 3.5m^3 용량의 트럭 에지데이터를 수입하여 사용해 왔고, 1978년부터 대형의 트럭 에지데이터의 국산화가 이루어지면서 수송효율만을 고려하여 7.5m^3 정도의 레미콘을 적재, 수송한 적이 있었으나 현재는 도로 사정 등을 고려하여 적재량의 한도를 6m^3로 하고 있다.

(b) **교반 능력**

에지데이터 트럭은 운반 중에 레미콘의 품질을 유지하기 위하여 교반한다. 드럼 내에 콘크리트 유동에는 크게 분류해서 표층 흐름, 넘기는 흐름, 미는 흐름의 3종류가 있다. 표층 흐름과 미는 흐름은 드럼 내 전체적으로 발생하는 부드러운 콘크리트 거동이고 넘기는 흐름은 배출구 측에 있는 콘크리트에서 발생하는 국부적으로 심하게 일어나는 거동을 말한다. 그림 3.10은 드럼 내부 모델화를 통한 교반 상태에서 콘크리트 흐름을 나타낸 것이다.

(c) **배출 성능**

배출 성능에는 신속한 배출 성능, 배출량을 균일하게 하는 성능, 뒤로 올라간 상태에서도 원활히 배출하는 성능, 드럼 내 전체적으로 레미콘을 배출할 성능 등이 있어야 한다. 배출능력이 저하되면 아래와 같은 문제가 발생한다.

- ○ 짐부리기에 시간이 걸린다.
- ○ 경사지에서 배출에 시간이 필요하다.
- ○ 짐부리기 중에 콘크리트의 품질이 변화한다.
- ○ 배출되지 않은 콘크리트가 에지데이터의 내부에서 굳어 제거작업에 시간이 걸린다.

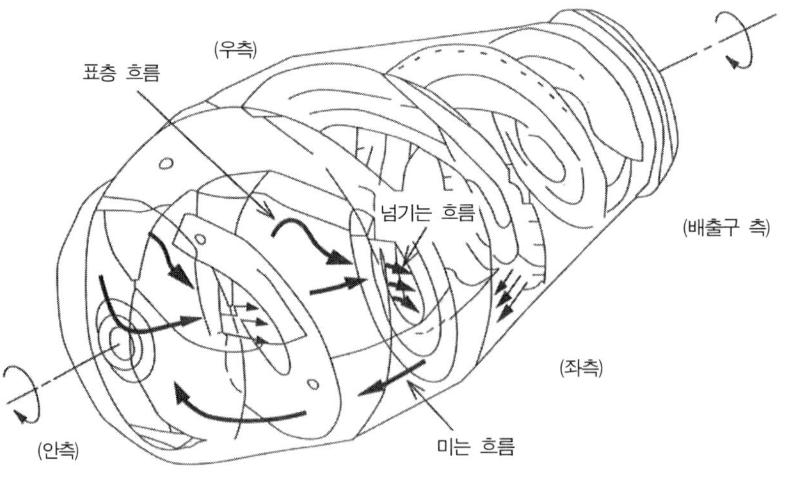

그림 3.10 **드럼 내부 모델화를 통한 교반 상태에서 콘크리트 흐름**

(d) 내마모 성능

에지데이터 트럭은 지속적으로 사용함에 따라 드럼 내면과 콘크리트가 접촉하면서 마모하게 된다. 드럼 외부판은 판 두께가 닳아서 얇아질 뿐이지만 블레이드는 얇아짐과 동시에 높이가 낮아지게 된다. 블레이드가 낮아지게 되면 교반 성능과 배출 성능이 저하된다. 사용 조건, 가동률, 레미콘의 재료에 따라 다르지만 현재의 에지데이터 트럭은 대형차가 약 10년 전후의 내마모성을 갖추고 있다. 이러한 기본 성능은 드럼과 블레이드의 형상, 치수나 재질, 드럼 내의 보수에 의해 영향을 받는다. 블레이드의 형상, 치수는 높이, 단면 형상 등에 의해 결정된다. 드럼과 블레이드를 이러한 기본 성능에 대해서 형상과 치수를 고려할 필요가 있다. 현재의 드럼은 교반이나 배출 중 드럼 내에서 콘크리트의 유동상태를 축약한 투명드럼에 의해 가시화 모델로 분석하므로 거의 이상에 가까운 치수와 형상으로 제작되고 있다.

3.2.3 제품 검사

1) 일반 사항

검사란 KS Q 3534-4 : 2009 통계-용어 및 기호-제4부 : 품질경영 용어에 의하면, 물품을 몇 개의 방법으로 시험한 결과를 품질 판정기준과 비교하여 개개의 물품의 적합품 · 부적합품의 판정을 내리고 또는 로트 판정기준과 비교하여 로트의 합격 · 불합격의 판정을 내리는 것이라고 정의되어 있다. 이러한 검사의 목적은 다음 공정이나 고객에게 불량품이 넘어가는 것을 방지하고 고객에게 품질정보를 제공하거나 고객에게 제품에 대한 안심감을 주기 위한 것으로, 레미콘 생산자는 고객에게 전달되기 전에 제품 검사를 실시하게 된다.

즉, 제품 검사란 레미콘 생산자 입장에서 KS F 4009의 운반시간 규정처럼 제조된 레미콘이 공사지점에 배출되기까지 제품의 품질관리와 품질보증을 위해 생산되는 레미콘이 안정된 품질을 확보하고 있는지, 계속 생산되는 동일 규격 레미콘을 150m^{3}당 1회(3개 공시체)씩 3회 값을 1로트로 하여 제품 검사를 실시하고 그 결과를 토대로 납품되는 콘크리트의 품질이 구매자의 요구사항에 맞는지 확인하는 것으로, 운반 공정에 포함된 과정에서 실시하는 것을 말하며 일반적으로 말하는 수입검사(구입자 측면)에서 실시하는 것과는 본질적으로 차이가 있다는 것을 인식할 필요가 있다[8]. 따라서 생산자는 구매자에게 인도되는(레미콘 에지데이터 트럭에서 콘크리트가 배출되는) 지점에서 KS F 4009에서 요구하는 품질을 보증하는 제품의 품질을 확인하기 위한 제품 검사를 실시하게 되는데, 제품 검사 항목으로는 표 3.8과 같이 슬럼프, 공기량, 압축강도 및 염화물량 등이 있다. 다만, KS F 4009에서는 압축강도 이외에는 제품 검사 시기와 횟수가 상세히 정해져 있지 않으므로 KS규격 레미콘의 제품 검사를 구매자에게 인도하는 수입검사를 할 때 실시하는 것이 일반적이다. 즉, 기본적인 시험검사의 시기와 회수수는 건축 또는 콘크리트표준시방서 등의 규정을 참고하지만 품질 판정은 KS 규격품인 경우 KS F 4009의 품질값 및 허용차에 따른 품질 판정기준을 적용해야 한다[4),8)].

표 3.8 **레미콘 제품 검사 항목(KS F 4009)**

공정	관리 항목	품질 특성	시험 방법	시험 횟수	비고
운반	콘크리트 품질	슬럼프	KS F 2402	원칙적으로 150m^3당 1회	KS F 4009 검사 규정에 따라 실시
		공기량	KS F 2421		
		압축강도	KS F 2403		
		단위용적질량	KS F 2409		경량 콘크리트 등 단위용적질량이 지정된 콘크리트
		염화물량	KS F 4009 부속서	협의	

2) 슬럼프

슬럼프 시험이란 굳지 않은 콘크리트의 워커빌리티 측정 방법 중 컨시스턴시를 주로 평가하는 것으로, 일반 실무에서 레미콘의 반죽질기 정도를 측정하는 가장 일반적인 방법이다. 슬럼프의 표준적인 시험 방법은 KS F 2402(콘크리트의 슬럼프 시험 방법)에 규정되어 있으며, 구매자가 지정한 슬럼프값에 대한 합격 및 불합격의 판정은 KS F 4009의 5.2 및 5.3절에 규정된 허용오차 범위 이내 여부에 따라 결정하게 된다. 그 내용은 표 3.9에 나타내었다.

일반적으로 콘크리트를 배출하는 시점(구매자에게 인도하는 시점)에서 슬럼프의 허용오차 범위를 만족하기 위해서는 레미콘 공장에서 콘크리트 생산 후 배출시점까지 이동에 따른 시간경과로 슬럼프가 저하되는 것으로 고려해야 하며, 이러한 운반에 따른 슬럼프의 저하는 콘크리트의 온도, 골재의 품질, 베이스 슬럼프값, 환경조건, 혼화제, 운반시간 등 다양한 원인에 의해 영향을 받는데, 특히 서중 콘크리트와 같이 기온이 높은 경우는 급격한 슬럼프 저하를 가져올 수도 있기 때문에 지연형 혼화제 사용 등의 적절한 방안의 강구가 필요하다.

표 3.9 **슬럼프 및 슬럼프 플로 허용오차**

슬럼프(mm)	슬럼프의 허용오차(mm)	슬럼프 플로(mm)	슬럼프 플로 허용오차(mm)
25	±10	500	±75
50 및 65	±15	600	±100
80 이상	±25	700*	±100

* 굵은골재의 최대 치수가 15mm인 경우에 한하여 적용한다.

3) 공기량

AE콘크리트의 연행공기는 동해의 피해가 예상되는 지역에서 동해에 대한 저항성을 개선하는 것이 주목적으로 동결융해 작용이 발생할 수 있는 한랭지 등에서는 공기량의 확보가 요구된다.

공기량은 슬럼프와 마찬가지로 운반시간의 경과에 따라 변화가 발생하게 되는데 사용하는 화학혼화제의 종류, 골재의 미립분 함량 및 계절적 조건 등에 따라 공기량의 변화폭의 차이가 나타나며, 다만 반드시 시간이 경과한다고 해서 공기량이 감소하지 않은 경우도 있다. 특히, 플라이애쉬를 사용하는 경우에는 플라이애쉬의 품질 차이에 따라서 공기량 변동에 큰 영향을 미치지만, 최근 실무에서는 플라이애쉬의 감열감량이 크다고 해서 공기량이 감소하는 변동폭이 비례적으로 크지 않은 경우도 발생하기 때문에, 플라이애쉬의 공기량 흡착에 대한 메커니즘의 재검토도 필요할 것으로 보인다.

또한 공기량을 판정할 때 고려해야 하는 것이 골재의 수정계수이다. 일반적으로 사용되는 화강암질의 골재인 경우는 골재의 수정계수가 0.2 정도로 크지 않기 때문에 문제되지 않지만, 다공질의 현무암 등을 이용하는 콘크리트의 경우 골재에 포함되어 있는 공극으로 인해 공기량이 많게 측정될 수가 있어 현장 제품을 검사할 때 골재 수정계수를 적용하는 경우에는 구매자의 요구수준에 불합격되는 결과를 가져올 수도 있다. 표 3.10은 KS F 4009에 규정된 공기량의 허용범위를 나타낸 것으로, 레미콘 생산자는 구매자에게 인도 전에 공기량의 변동원인들을 사전에 숙지하여 제품의 품질을 확보해야 한다.

표 3.10 **공기량 허용오차**

콘크리트 종류	공기량(%)	허용오차(%)
보통 콘크리트	4.5	±1.5
경량 콘크리트	5.5	
포장 콘크리트	4.5	
고강도 콘크리트	3.5	

4) 압축강도

레미콘 공장에서 콘크리트를 제조한 후 운반할 때 압축강도에 영향을 미치는 가장 큰 요인은 에지데이터 트럭 내의 잔류수나 배출 전 가수에 의한 W/B의 저하이며, 이러한 단위수량의 증가는 계획된 강도발현을 저하시킴은 물론 균열 발생 등의 콘크리트 품질에 악영향을 미치게 된다. 따라서 기본적으로 배합적인 요인이 관리가 잘 된다고 본다면 에지데이터 트럭의 잔류수 관리 및 현장에서 가수에 대한 관리를 철저히 할 필요가 있다. 그 외에 운반시간과 콘크리트의 온도상승도 영향을 미친다.

3.3 콘크리트 소운반(압송)

3.3.1 일반 사항

현장에 도착한 콘크리트를 구조물에 부어 넣기 위해서는 다양한 종류의 운반 장비를 사용할 수 있다. 이러한 운반수단 중에서 펌프나 배관을 통해 콘크리트를 운반하는 것을 일반적으로 압송이라고 한다.

현장 내부에서 콘크리트 운반에는 수직 운반과 수평 운반이 있으며, 콘크리트의 종류와 배합, 구조물의 종류와 크기, 타설 장소와 타설량 등에 따라 합리적인 운반 장비를 사용해야 한다. 이 경우 콘크리트가 타설되는 지점에서 소요의 품질을 가질 수 있도록 운반 장비를 선정하는 것이 매우 중요하다. 따라서 표 3.11에 나타난 각종 운반 장비의 능력과 특징을 참고로 하여, 표 3.12에서 제시한 콘크리트의 품질 변화 한도 범위 내에서 관리해야 한다[10].

표 3.11 **각종 운반 장비의 능력과 특징**

운반기기	운반방향	가능한 운반거리	표준 운반량	동력	주요 용도	슬럼프 범위	비고
펌프 (pump)	수평연직	~500 ~200	20~70 (m^3/h)	내연기관 전동기	일반 장거리, 고층	8~21	압송부하에 따른 기종 선정
버킷 (bucket)	연직수평	~100 ~30	15~20 (m^3/h)	크레인 사용	일반, 고층 RC 슬립폼 공법	8~21	시간계측 중요
벨트 컨베이어	수평구배	5~10	5~20 (m^3/h)	전동	수평 전용	5~15	분리 경향이 있어 분배기 필요
슈트	연직	~20 ~5	10~50 (m^3/h)	중력	큰 낙차 장소 타설	12~21	분리 경향이 있어 분배기 필요

표 3.12 **보통 콘크리트의 품질 변화 한도**

슬럼프 차	공기량 차
25mm	1.0%

콘크리트의 압송을 위해 펌프를 선정할 때 소요품질의 콘크리트를 얻을 수 있도록 목표를 정하고, 다음에 제시한 조건에 맞추어 검토한다[12].

(a) 콘크리트의 압송은 타설되는 콘크리트의 품질, 시공 능률 등을 좌우하는 중요한 작업이다. 따라서 콘크리트의 압송작업에 종사하는 사람은 콘크리트의 품질 및 시공에 대하여 일정한 지식과 경험을 갖출 필요가 있다.

(b) 콘크리트 펌프에 가해지는 압송부하의 산정은 다음 식에 따라서 산정한다.

$$P = K \times (L + 3B + 2T + 2F) + W_o \times H \times 10^{-3}$$

여기서 P : 콘크리트 펌프에 가해지는 압송부하 (N/mm^2)

K : 수평 관의 관내 압력 손실 (N/mm^2/m)

L : 직관의 길이 (m)

B : 벨트관의 길이 (m)

T : 테이프관의 길이 (m)

F : 프리캡블 호스의 길이 (m)

W_o : 콘크리트의 단위용적중량에 중력가속도(10m/s^2)를 곱한 값 (kN/m^3)

H : 압송높이 (m)

AE 감수제를 사용한 물-시멘트비 45%를 넘는 일반 콘크리트의 경우에는 각종 자료에서 제시하고 있는 수평 관의 압력 손실 자료를 사용해도 무방하지만, 물-시멘트비가 45% 이하인 콘크리트 또는 고성능 AE감수제를 사용하는 유동화 및 고유동 콘크리트 등의 압력 손실은 슬럼프가 같아도 사용 재료와 배합에 따라 달라지기 때문에 아직 표준적인 수치가 제시되어 있지 않다. 이것은 슬럼프가 같은 경우에도 광범위한 점성을 제시하는 것이 어렵다고 되어 있기 때문이다. 이러한 콘크리트의 압력 손실은 콘크리트의 소성 점도와의 관계로 평가하거나 압송 시험을 실시하여 구할 필요가 있다.

(c) 배관의 직경은 펌프의 압송성에 직접 영향이 있다. 배관의 직경이 클수록 압력 손실이 작아지고 압송성도 좋아진다. 또한 배관의 직경은 조골재 최대 치수의 4배 이상인 것을 사용하는 것이 좋다.

(d) 압송의 중단은 관이 막히는 원인이 될 수 있으므로 배관은 조립절차가 최소화되도록 계획하며, 타설부분이 교차하지 않도록 배관을 배치하는 것이 좋다.

(e) 콘크리트 압송에 앞서, 모르타르를 압송하여 배관의 수밀성 등을 확보해야 한다. 이 작업을 수행하지 않고 콘크리트를 압송하게 되면 콘크리트 중의 수분과 시멘트 페이스트가 관 벽에 붙어 시멘트 페이스트 또는 모르타르가 적은 콘크리트가 되기 때문에 압송이 불가능해지는 경우도 있다. 예비 압송용 모르타르를 거푸집에 부어 넣을 경우 그 이후에 부어 넣는 콘크리트의 품질에 영향을 주지 않도록 사전조치를 취해야 한다.

예비 압송용 모르타르는 사용량이 소량이어도 거푸집에 부어 넣을 경우 구조체의 일부가 되고 모르타르 타설 직후에 압송되는 콘크리트의 품질에 영향을 미칠 수 있으므로 그 품질은 매우 중요하다. 예비 압송용 모르타르를 거푸집에 부어 넣는 경우는 콘크리트와 같은 탄성계수를 갖게 하기 위하여 사용하는 콘크리트와 비교하여 최소한 3MPa 정도 강도가 높은 것으로 하거나, 물-시멘트비를 5% 정도 낮춘 것을 사용하도록 한다.

또한 처음에 배출되는 모르타르는 선행수의 영향으로 품질에 영향을 받지 않도록 50리터 정도의 모르타르를 버린 후 거푸집 내에 골고루 부어 넣는 것이 좋다. 그러나 기둥 거푸집, 강관 등에 직접 배관을 연결하여 콘크리트를 압입하는 경우에는 예비 압송용 모르타르가 콘크리트의 품질에 영향을 미치게 되므로 예비 압송용 모르타르를 완전히 제거한 후부터 콘크리트를 압입할 필요가 있다.

3.3.2 압송 개요

앞서 언급한 것처럼, 레미콘 공장에서 레미콘 운반차량에 의해 현장으로 반입된 콘크리트를 거푸집에 압송하는 장비로는 콘크리트 펌프가 있다. 콘크리트 펌프의 선정은 콘크리트를 부어 넣는 지점부터 떨어진 타설거리에 따라 걸리는 압력을 산정하여 결정하게 된다. 일반적으로 50m 이내의 단거리인 경우에는 트럭 탑재형 콘크리트 펌프를 이용하여 직접 거푸집에 콘크리트를 부어 넣고, 그 이상인 경우에는 트럭 견인형 콘크리트 펌프를 이용하여 펌프에 연결된 배관을 통해 콘크리트를 거푸집까지 운반하여 부어 넣는다.

과거에는 저층 아파트나 소규모 구조물이 많았기 때문에 콘크리트 펌프에서 직접 콘크리트 부어 넣는 경우가 많았으나, 최근 들어서는 초고층 건물이나 장대터널, 장대교량 등 중·장거리 압송이 필요한 구조물이 증가하면서 배관을 이용한 콘크리트 부어 넣는 것이 일반적이다. 수평 압송에 비해 수직 압송은 더 큰 압력이 필요하게 되는데, 초고층 빌딩의 기준이 50층 이상으로 되어 있으므로 약 200m 이상을 장거리 압송으로 분류하는 것도 적절할 것으로 생각된다. 특히, 수직으로 500m 이상의 장거리 압송이 필요한 초고층 빌딩도 건설되면서 그에 맞게 300bar 수준의 고압력을 가지는 펌프도 함께 개발되어 사용되고 있다. 현재 세계 최고층 건물인 두바이의 부르즈 칼리파(Burj Khalifa)에서는 최대 압력 200bar 이상으로 600m까지 수직 압송을 실시한

바 있다.

여기에서는 초고층 빌딩, 장대터널, 장대교량 등 콘크리트 운반 차량에서 콘크리트를 부어 넣는 위치까지 거리가 매우 길어서 배관을 이용하여 콘크리트를 부어 넣는 경우에 대하여 기술하고자 한다. 또한 콘크리트를 중·장거리 압송함에 있어서 매우 중요한 요소인 콘크리트의 유동 성능, 펌프의 성능, 시공 중 관리사항 등 여러 가지 항목 중에서 콘크리트와 관련된 사항을 중심으로 기술하며, 그 외 관련사항에 대해서는 간단하게 언급할 것이다.

그림 3.11은 초고층 빌딩, 장대터널, 장대교량 등에서 콘크리트의 장거리 압송을 위하여 사용되고 있는 트럭 견인형 고압 콘크리트 펌프의 예를 나타낸 것이다.

그림 3.11 **트럭 견인형 고압 콘크리트 펌프(schwing & putsmeister)**

3.3.3 콘크리트 압송

콘크리트의 압송은 레미콘 공장에서 콘크리트를 생산한 후 운반을 통해 현장에 도착한 후부터 시작된다. 즉, 콘크리트가 현장에 도착한 후 타설되기까지 과정을 압송이라고 한다. 그림 3.12는 콘크리트 생산부터 타설까지 흐름도를 나타낸 것이며, 그림 3.13은 콘크리트 압송 및 운반 장비를 도식화한 것이다.

그림 3.12 및 그림 3.13에 나타난 것처럼 대운반이 레미콘 트럭에 의해서 이루어진다면 소운반은 배관을 통해서 이루어지며, 그러한 소운반을 위해서 트럭에 부어 넣기 위한 마지막 단계로서 주름관, 분배기(distributor) 또는 CPB(concrete placing boom) 등의 장비가 사용된다.

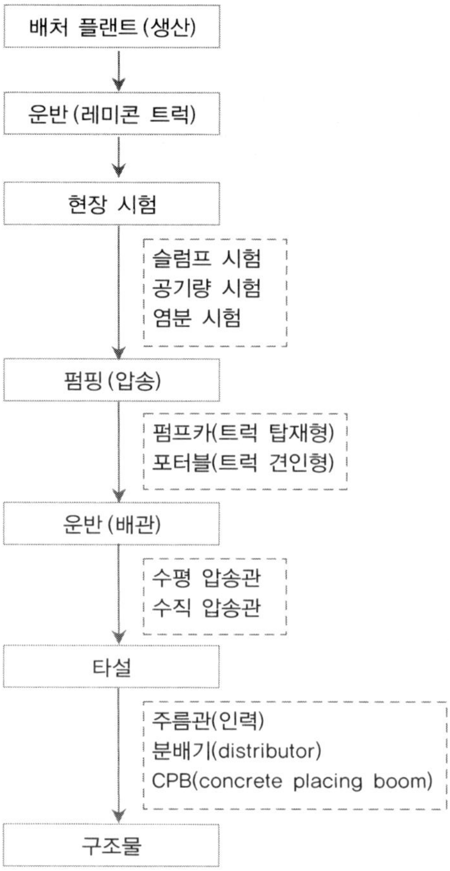

그림 3.12 **콘크리트 생산, 타설 흐름도**

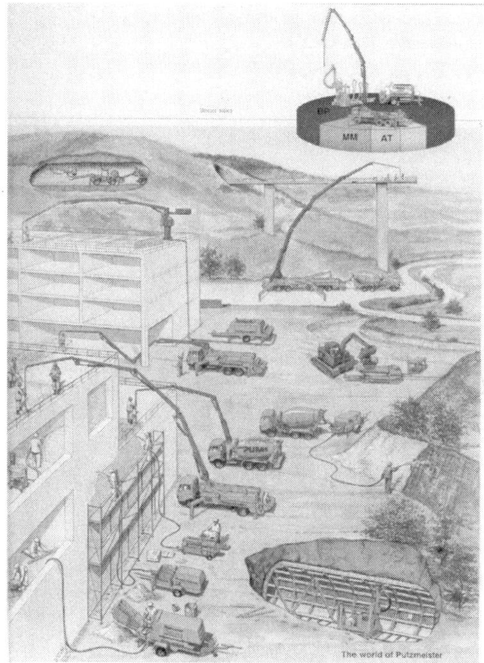

그림 3.13 **콘크리트 압송 및 운반 장비**

1) 콘크리트 압송 장비

(a) 펌프카(트럭 탑재형)

- 트럭과 압송 장비의 일체식으로 이동이 간편함
- 수평 및 수직 거리 50m까지 가능(보통 수직 높이 10층 이하에 적용)

(b) 포터블(트럭 견인형)

- 압송 장비를 트럭으로 연결(견인)해서 이동
- 펌프카 타설이 어려운 10층 이상의 고층건물에 적용
- 고압 압송 장비는 수직 높이 500m 이상까지 타설 가능

그림 3.14 **트럭 탑재형 펌프 (펌프카)**

그림 3.15 **트럭 견인형 펌프 (포터블)**

2) 압송 장비 선정 시 고려사항

① 구조물의 규모 (수직 및 수평 타설거리)

② 콘크리트 타설량

③ 콘크리트 특성(콘크리트 강도, 유동성 등)

- 슬럼프 80mm 이하는 압송이 어려움.
- 고성능 감수제를 사용한 경우 슬럼프는 높으나 점성이 있어 고압장비가 필요함.
- 콘크리트 배합비(골재의 양이 많으면 배관의 마찰력이 커짐)
- 골재의 입도, 최대 골재크기 등

3) 콘크리트 펌프 선정

표 3.13은 일반건물과 고층건물에서 현장 조건이 동일할 경우의 콘크리트 압송펌프 선정 프로세스를 보여주고 있으며, 여기에서 사용된 그림 3.16과 그림 3.17의 노모그래프의 이용 방법은 이 선정 과정 예를 보면 쉽게 이해될 것이다.

콘크리트가 고강도 또는 고기능일 경우, 콘크리트의 점성 때문에 이 노모그래프 적용이 적합하지 않을 수 있다. 이 때는 시험 타설을 실시하여 소요 압력을 구한 후 수직 배관의 정압을 합하여 총 압력을 산정한다[10].

표 3.13 **콘크리트 펌프 선정 과정(예)**

	일반건물(20층, 건물 높이 60m)	고층 건물(50층, 건물 높이 200m)
현장 조건	실제 타설량 : $28m^2/h$, 파이프 직경 : 12.5mm 펌프 효율 : 70%, 총 배관길이 : 150m 콘크리트 퍼짐도 : 380mm	실제 타설량 : $28m^2/h$, 파이프 직경 : 12.5mm 펌프 효율 : 70%, 총 배관길이 : 300m 콘크리트 퍼짐도 : 380mm
	총 배관길이 산정근거(150m)	총 배관길이 산정근거(300m)
	– 건물 높이를 포함한 배관길이 : 138m(수직 배관 60m) – 곡관 환산길이 : 12m(곡률반경 1m, 90°, 4개) $= 90° \times 4 \div 30° = 12m$	– 건물 높이를 포함한 배관길이 : 288m(수직 배관 200m) – 곡관 환산길이 : 12m(곡률반경 1m, 90°, 4개) $= 90° \times 4 \div 30° = 12m$
소요 타설량	소요타설량 계산 $28m^2/h \div 0.7(효율) = 40m^2/h$ 그림 3.16 노모그래프* ①선택	소요타설량 계산 $28m^2/h \div 0.7(효율) = 40m^2/h$ 그림 3.17 노모그래프 ①선택
파이프 직경	파이프 직경 : 12.5mm 그림 3.16 노모그래프 ①점에서 우측으로 직선을 그어, 12.5mm 파이프와 만나는 지점 ②선택	파이프 직경 : 12.5mm 그림 3.17 노모그래프 ①점에서 우측으로 직선을 그어, 12.5mm 파이프와 만나는 지점 ②선택
퍼짐도	퍼짐도 : 380mm 그림 3.16 노모그래프 ②점에서 아래로 직선을 그어, 퍼짐도 380mm와 만나는 지점 ③선택	퍼짐도 : 380mm 그림 3.17 노모그래프 ②점에서 아래로 직선을 그어 퍼짐도 380mm와 만나는 지점 ③선택
배관 길이	총 배관길이 : 150m 그림 3.16 노모그래프 ③점에서 좌측으로 직선을 그어, 150m 길이와 만나는 지점 ④선택	총 배관길이 : 300m 그림 3.17 노모그래프 ③점에서 좌측으로 직선을 그어, 300m 길이와 만나는 지점 ④선택
소요 압력	소요압력값 : 41bar 그림 3.16 노모그래프 ④점에서 위로 직선을 그어 X축과 만나는 지점 ⑤선택(41bar)	소요압력값 : 83bar 그림 3.17 노모그래프 ④점에서 위로 직선을 그어 X축과 만나는 지점 ⑤선택(83bar)
총 압력	총 압력 = 소요압력 + 수직 배관의 정압(60m×0.25bar) = 41bar + 15bar = 56bar 그림 3.16 노모그래프 ⑤점에서 좌측으로 15bar 이동하여 지점⑥ 선택(56bar)	총 압력 = 소요압력 + 수직 배관의 정압(200m×0.25bar) = 83bar + 50bar = 133bar 그림 3.17 노모그래프 ⑤점에서 좌측으로 50bar 이동하여 지점⑥ 선택(133bar)
소요 출력	총 압력 56bar와 소요타설량으로 소요 출력(motor output)을 계산하면, $(56 \times 40) \div 25 = 2,240 \div 25 = 89.6kW$	총 압력 133bar와 소요타설량으로 소요 출력(motor output)을 계산하면, $(133 \times 40) \div 25 = 5,320 \div 25 = 212.8kW$
선정	이 노모그래프에 제시된 장비 중 소요 출력 89.6kW를 만족하는 최적의 장비는 110kW 장비임.	이 노모그래프에 제시된 장비 중 소요 출력 212.8kW를 만족하는 최적의 장비는 235kW 장비임.
	Putzmeister社의 BSA 1408 E의 경우, 최대 타설량 $79m^2/h$, 최대 펌핑압력 106bar, 110kW 출력으로 소요 출력 89.6kW를 초과하므로 이 현장 조건에 적합.	Putzmeister社의 BSA 2110 HP D의 경우, 최대 타설량 $102m^2/h$, 최대 펌핑압력 220bar, 330kW 출력으로 소요 출력 212.8kW를 초과하므로, 이 현장 조건에 적합. * 노모그래프상의 235kW급 장비는 현재 생산되고 있지 않음.

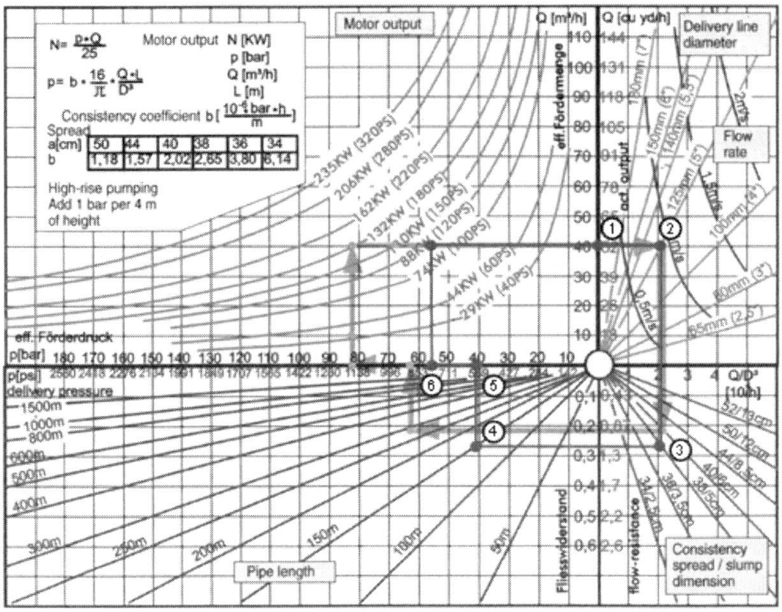

그림 3.16 **일반건물용 노모그래프**

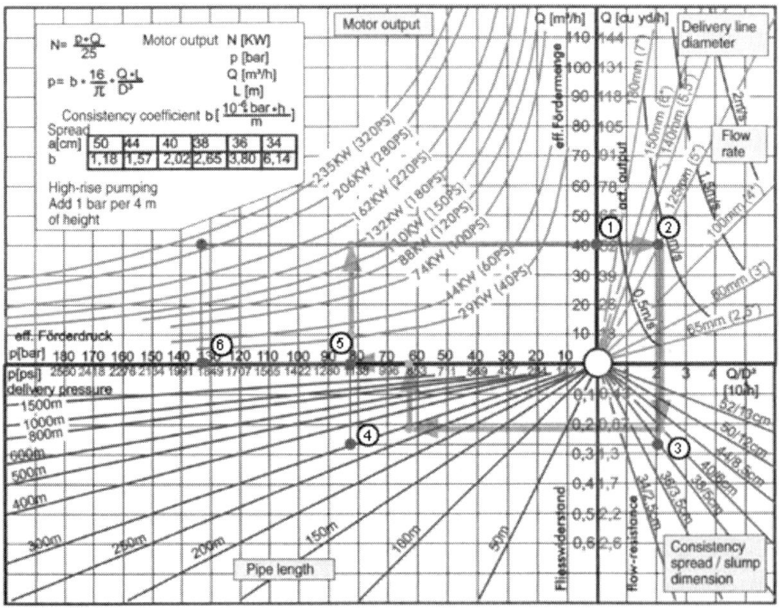

그림 3.17 **고층 건물용 노모그래프**

3.3.4 장거리 콘크리트 압송

콘크리트가 배관을 통해 장거리 압송될 경우 콘크리트 펌프에는 높은 압력이 가해지게 된다. 물론 콘크리트 펌프가 발휘할 수 있는 능력이 무한정 높아지면 문제가 없지만 장비의 성능은 한계가 있기 때문에 콘크리트 자체의 압송성능을 개선하여 펌프에 가해지는 압력을 최소화함으로써 압송거리를 최대화하는 것이 가장 효율적인 방법이다. 또한 장거리 압송이 필요한 대형 구조물이나 초고층 빌딩의 경우 40MPa 이상의 고강도 콘크리트가 사용되는 경우가 많기 때문에 콘크리트 자체의 점성이 증가하여 콘크리트가 배관을 통과하면서 발생하는 마찰력이 증가한다. 이 경우 콘크리트 펌프에 높은 압력이 걸리므로 콘크리트의 유동성을 개선하고 점성을 낮추는 효율적인 배합을 도출하는 것이 장거리 압송에서 매우 중요한 요소가 된다.

1) 콘크리트의 압송성능평가를 위한 레올로지(rheology) 시험

콘크리트는 시멘트, 골재, 모래 및 물로 이루어져 있으며, 유동성 개선을 위하여 감수제(또는 고성능 감수제)를 사용하기도 한다. 콘크리트의 압송에서 일반적으로 굵은 골재와 모래는 각각의 알갱이가 시멘트 페이스트에 의해서 잘 감싸져야 압송이 유리하게 된다. 그러나 점성 측면에서 보면 보통 강도 콘크리트의 경우 시멘트양이 적고 상대적으로 단위수량이 높기 때문에 점성이 크지 않아 콘크리트를 압송할 때 장비에 부가되는 압력이 크지 않지만, 고강도 콘크리트의 경우에 이와는 반대로 시멘트양이 많고 단위수량이 적기 때문에 콘크리트 자체의 점성이 높아져서 장거리 압송 시 높은 압력이 걸리게 된다.

고강도 콘크리트의 유동성 평가를 위하여 기존에는 슬럼프 및 슬럼프 플로 시험을 실시하였으나, 이러한 시험은 콘크리트의 유동성은 평가하지만 콘크리트의 점성을 제대로 평가할 수 없기 때문에 이러한 시험결과만으로는 고강도 콘크리트의 장거리 압송을 평가하는 것이 쉽지 않다. 다만, 지금까지는 경험에 의해서 또는 콘크리트 펌프 제조업체에서 제공하는 자료를 통해서 슬럼프 또는 슬럼프 플로 시험 결과만으로 콘크리트를 장거리 압송할 때 압송 가능 여부를 평가하였다. 그러나 콘크리트 강도가 증가하고 세계 각지에서 다양한 콘크리트 재료가 사용되고 있기 때문에 기존의 자료나 경험만으로 콘크리트의 압송성능을 평가하여 압송을 할 경우 배관이 막히는 등 여러 가지 문제가 발생하게 된다.

콘크리트의 장거리 압송을 위한 성능평가를 위해서는 기존의 콘크리트 흐름성 평가 기준인 슬럼프 또는 슬럼프 플로 시험 외에 콘크리트의 점성을 평가하는 레올로지 시험을 실시해야 한다. 레올로지(rheology)* 시험은 레오미터(rheometer)라는 시험기구를 이용하여 콘크리트의 점성을 측정하는 시험으로서 기존의 슬럼프 또는 슬럼프 플로 시험을 통한 콘크리트의 압송성능평가와는 달리 콘크리트의 점성, 즉 소성점도와 항복응력을 측정함으로써 콘크리트의 압송성능을 평가할 수 있다. 특히, 장거리 압송을 위한 고강도 콘크리트의 성능평가를 위해서는 기존의 슬럼프 플로 시험과 레올로지 시험을 함께 실시해야 한다.

레올로지를 측정하기 위한 레오미터는 측정하는 회전날개의 모양에 따라서 그림 3.18과 같이 구분할 수 있으며, 그림 3.19와 같이 다양한 업체에서 레오미터를 제조하고 있다.

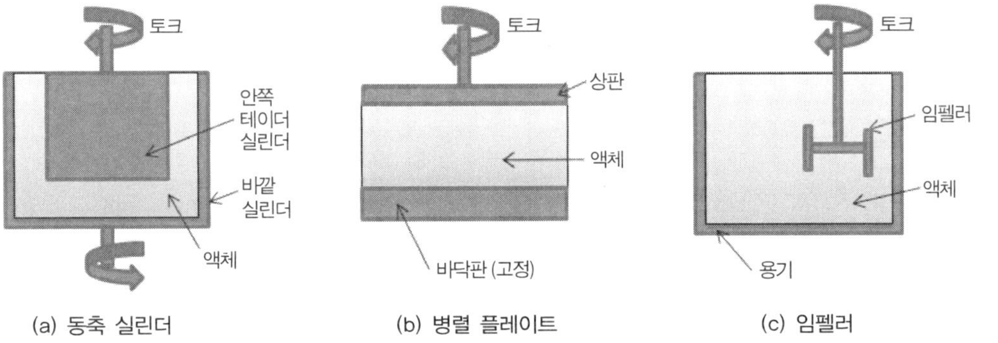

그림 3.18 **회전날개 형상에 따른 레오미터 종류**

* 콘크리트의 레올로지(rheology)는 굳지 않은 콘크리트의 유동성을 유체 역학적으로 표현하는 말이며, 항복응력과 소성점도로 나타내어진다. 콘크리트의 레올로지는 레오미터를 이용하여 측정될 수 있으나 실험에 의해 상대적인 값을 제공해준다.
  – 항복응력(yield stress) : 흐름을 시작하게 하거나 유지하게 하는 최소의 응력
  – 소성점도(plastic viscosity) : 항복응력을 넘어 유동할 때 유동성을 나타내는 척도

(a) Tattersall Two-Point 레오미터

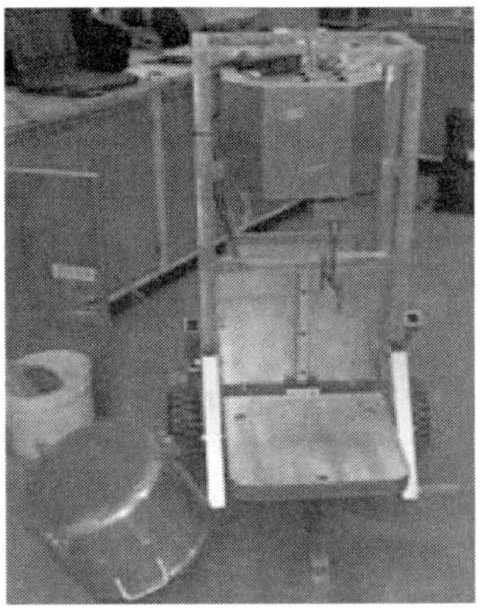

(b) IBB 레오미터

(c) BTRHEOM 레오미터

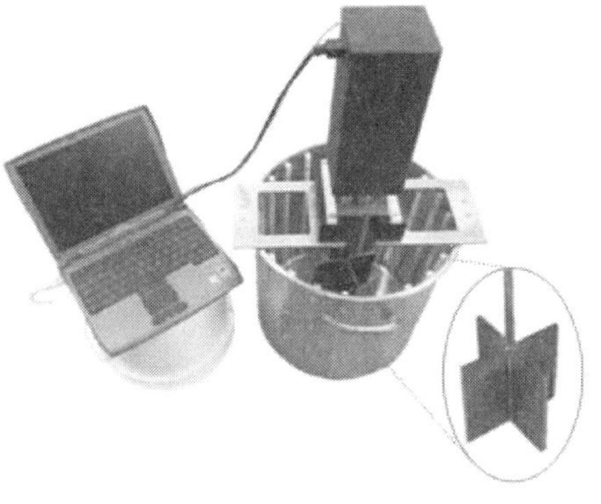

(d) ICAR 레오미터

(e) BML 비스코미터

그림 3.19 **제조업체별 레오미터 종류**

(a) 응력성장 시험(stress growth test)

응력성장 시험은 정적 항복응력(static yield stress)을 결정하기 위한 시험으로서, 콘크리트에 묻힌 회전날개를 일정하게 낮은 속도(일반적으로 0.6~3.0rps(round per second)로 회전시키고, 이때의 회전 모멘트를 모니터링하는 시험으로서 그림 3.20에 나타낸 바와 같이 최대 회전 모멘트를 이용하여 정적 항복응력을 산정할 수 있다. 그림 3.21은 레오미터 세팅 모습을 나타낸 것이다.

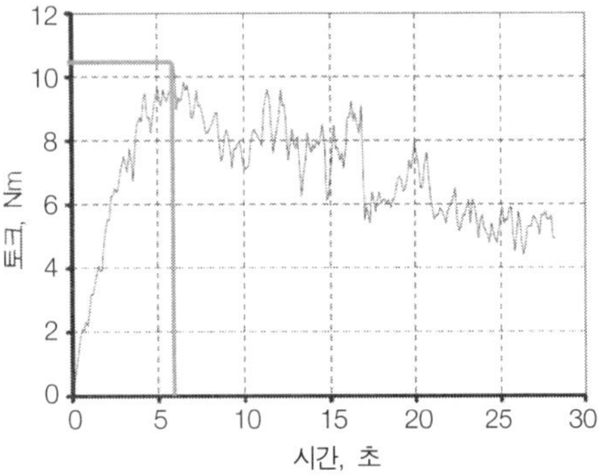

그림 3.20 **응력성장 시험**

그림 3.21 **레오미터 세팅 모습**

(b) 흐름곡선 시험(flow curve test)

동적 항복응력(dynamic yield stress)과 소성점도(plastic viscosity)를 결정하기 위한 흐름곡선 시험은 그림 3.21과 같이 세팅한 후, 그림 3.22의 그래프와 같은 형태로 회전날개를 회전시킨다. 우선 일정한 속도로 회전날개를 회전시켜 콘크리트를 유동(breakdown)시키고 높은 속력부터 낮은 속력 순으로 7단계의 회전 속도에 대한 회전 모멘트를 모니터링한다. 그림 3.23과 같이 모니터링된 7개의 점으로 된 그래프를 회기 분석하여 동적 항복응력과w 소성점도를 산정할 수 있으며, 산정 방법은 장비와 회전날개의 모양에 따라 다양하다.

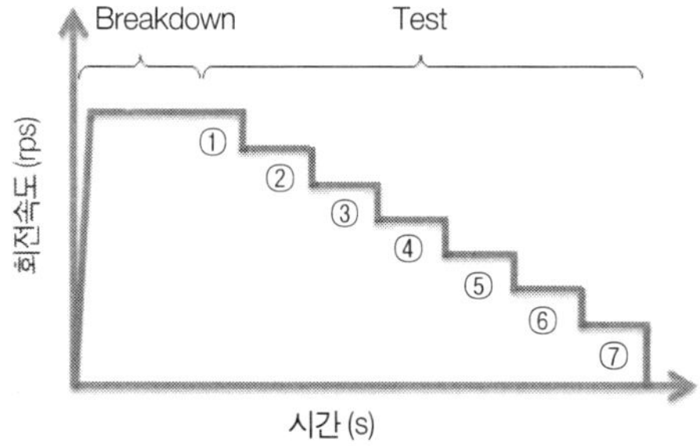

그림 3.22 **회전날개 회전 시나리오**

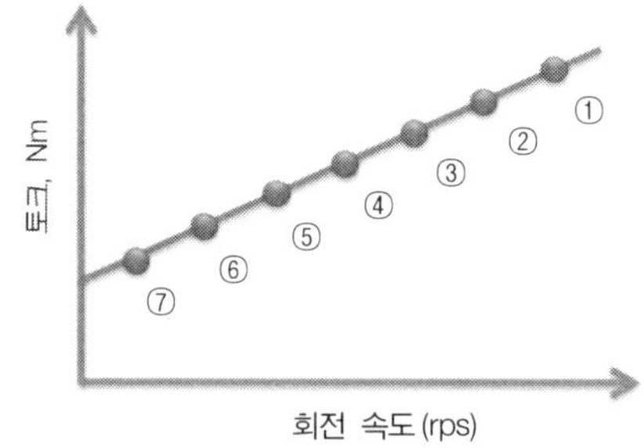

그림 3.23 **동적항복응력, 소성점도 산정**

주어진 배합에 대해서 레올로지 시험에 의해 측정한 동적항복응력과 소성점도값을 실제 압송실험과 연계하여 상관성을 도출함으로써 압송성능을 평가하는 데 활용할 수 있으며, 향후 관련 데이터가 축적되면 해석 프로그램을 통해 압송실험에 앞서 사전 시뮬레이션을 실시하여 압송성능을 추정하는 것이 가능하다.

2) 사전압송 시험

초고층 빌딩, 장대터널, 장대교량 등의 시공을 위한 장거리 압송을 위해서는 사전 압송 시험을 실시하는 것이 필요하다. 특히, 초고층 빌딩의 경우 고강도 콘크리트나 100MPa 이상의 초고강도 콘크리트가 사용될 수 있으므로 소요높이까지 한 번에 압송하는 것이 쉽지 않다. 콘크리트의 경우 강도가 올라갈수록 점성이 높아져서 실제 현장에서 압송하는 데 많은 어려움을 겪게 되기 때문에 본 공사를 시작하기 전에 장거리 압송을 위한 사전압송 시험을 실시하는 것이 필요하다고 할 수 있다.

(a) 실험변수 선정

장거리 압송을 위한 콘크리트의 사전압송 시험에서 중요한 실험변수는 각각의 배합과 압송거리가 된다. 압송거리에 따른 변수는 펌프의 성능에 따라 다르지만 초고층용 고압 펌프를 사용할 경우 200m 정도부터 시작하는 것이 좋다. 표 3.14는 실험변수(예)를 나타낸 것이다.

표 3.14 **실험변수(예)**

콘크리트 강도	압송거리
50MPa	200m, 300m, 400m, 500m
80MPa	200m, 300m, 400m, 500m
100MPa	200m, 300m, 400m, 500m

(b) 평가 항목

표 3.14에 나타나 있는 각각의 실험변수들에 대해 콘크리트의 압송 전·후 물성 평가와 압송성 평가를 실시한다. 콘크리트의 물성 평가, 압송성 평가, 그리고 기둥 실물모형 시험으로 구분하여 각 카테고리별로 수행된 세부 시험 항목들을 표 3.15에 나타내었다.

굳지 않은 콘크리트에 대해서는 온도, 공기량, 슬럼프 플로의 측정과 함께 500mm 플로 도달시간, 그리고 레오미터 장비를 활용하여 레올로지 특성인 소성점도와 항복응력을 측정한다. 표 3.15에서와 같이 압송성 평가를 위해 펌프와 배관에 작용하는 압력을 계측하고 기둥 목업(mock-up) 부재를 타설할 때 토출량을 산정하도록 한다.

기둥 목업 부재를 이용한 토출량 시험은 거푸집 내부에 미리 설치해둔 눈금자를 통해 시간당 타설되는 콘크리트 토출량을 측정하여 압송성 평가 자료로 활용한다. 이 외에도 추가적으로 배관 상부와 하부 표면에 온도측정장치(thermocouple)를 설치하여 배관 표면의 온도를 계측한다.

표 3.15 **세부 시험 항목**

평가 항목	세부 시험 항목
콘크리트 물성평가	굳지 않은 콘크리트 : 온도, 공기량, 레올로지, 슬럼프 플로 경화 콘크리트 : 압축강도, 탄성계수
압송성능평가	펌프 및 배관 압력 측정 : 펌프유압계, 배관의 3개 이상 지점
토출량 산정 (Mock-Up 부재)	토출량 측정 : Mock-Up용 거푸집을 타설할 때 토출량 산정 및 분당 펌핑 횟수 측정
기타	배관 상 · 하부 표면온도 계측

(c) 배관 설치

그림 3.24는 직선 구간과 곡선 구간에 사용하는 배관 파이프를 나타낸 것이다. 또한 그림 3.25는 장거리 압송성능평가를 위한 사전 시험의 배관 설치 예를 나타낸 것이다. 사전 시험에서는 직선부와 곡선부를 적절하게 배치하며, 50~100m 구간마다 곡선 구간을 설치하도록 한다. 각 직선 구간을 연결하는 곡선부에는 반경 1m의 90° 곡관(曲管) 두 개를 사용하여 연결하도록 한다.

그림 3.24 **직선 및 곡선 구간의 배관파이프**

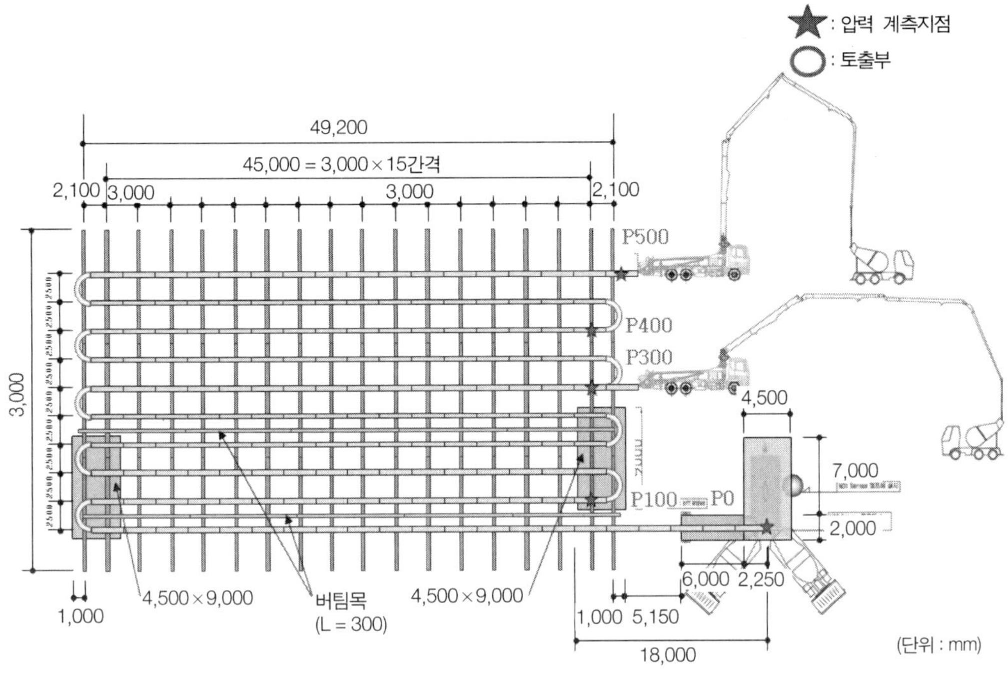

그림 3.25 **장거리 압송 시험을 위한 배관 배치(예)**

곡관의 저항을 고려한 곡관의 직선 환산길이는 문헌별로 서로 다르게 제시하고 있다. 표 3.16은 각 문헌별 곡관의 직선 환산길이를 나타낸 것으로서 각 문헌마다 상당한 차이를 나타내고 있다.

표 3.16 **곡관의 직선 환산길이**

근거 자료	실제 길이	Schwing	일본토목학회	Putzmeister
곡관 직선 환산길이[1]	1.57m	3m	6m	20m

1) 반경 1m의 90° 곡관 1개에 대한 직선 환산길이

그림 3.26의 (a)~(d)는 장거리 압송 시험을 할 때 배관 설치 전경의 예를 나타낸 것으로, 직선부의 파이프 연결, 곡선부, 배관 고정 등을 나타내고 있다.

(a) 압송 시작부 콘크리트 타설 (b) 배관 곡선부

(c) 직선 배관 연결부 (d) 배관 움직임 방지 U형 체결

그림 3.26 **배관 설치 전경(예)**

(d) 계측장치

배관에 걸리는 압력 및 배관 표면의 온도를 측정하기 위하여 압력계와 온도센서를 설치한다. 압력계는 최대 용량이 500bar 정도인 압력계를 사용하고 동적 데이터 장치(dynamic data logger)를 연결하여 압력을 측정한다. 그림 3.27은 압력측정장치를 나타낸 것이다.

그림 3.27 **압력측정장치**

3.3.5 압송 모니터링

고층부에 콘크리트를 압송할 경우 압송 모니터링은 크게 두 가지로 구분하여 진행할 수 있다. 그 하나는 압송 전·후의 콘크리트 물성 변화를 측정하는 것이고, 다른 하나는 배관 내의 압송압력을 측정하고 토출량을 산정하는 것이다. 이러한 압송 모니터링은 고층부의 압송 높이에 따라 측정 위치를 사전에 결정한 후 진행하며, 그 결과는 다음 상층부의 콘크리트 압송에 반복되게 함으로써 현장 품질관리의 수단으로 활용할 수 있다.

1) 모니터링 위치

압송 모니터링은 압송거리에 따라 다르지만 압송성능이나 콘크리트의 물성 변화를 평가하기 위해서는 기준 위치부터 수직의 경우 매 50m마다 측정하고 수평의 경우 매 100m마다 측정하도록 한다. 또한 동일한 위치에서 여러 종류의 콘크리트가 타설될 경우 콘크리트의 종류에 따라 압송 후의 결과가 다르게 나타나므로 그 위치에서 타설되는 모든 콘크리트에 대래서 모니터링을 실시하는 것이 좋다.

2) 콘크리트 물성 모니터링

압송 전·후의 콘크리트 물성 변화 측정은 압송에 따른 콘크리트의 워커빌리티를 평가하고 예측할 수 있으며, 이를 통해 상부층 압송 콘크리트에 대한 사전 품질관리를 수행할 수 있다. 압송 전의 콘크리트 시료는 압송 직전에 채취되어 시험을 실시하고 압송 후의 시료는 배관 내부의 콘크리트양을 고려하여, 압송 전과 동일한 시료가 상부 구조물에 배출되는 시점에 시료를 채취하여 시험을 실시한다. 압송 모니터링에서 콘크리트 시험 항목은 다음과 같고, 압송 전과 압송 후에 동일하게 실시한다.

(a) 굳지 않은 콘크리트 시험 항목
- 슬럼프 플로 및 온도변화 측정
- 유동성 및 점성평가
- 공기량 및 단위용적중량

(b) 경화 콘크리트 시험 항목
- 조기강도발현 특성
- 재령별 압축강도 특성
- 재령별 탄성계수 특성

(c) 콘크리트 압송성능 모니터링 : 배관 내부의 콘크리트 압송성능 모니터링은 크게 세 가지로 구분할 수 있다.
- 배관 내의 압송압력 및 토출량 측정
- 압송배관의 두께 측정을 통한 마모 정도 평가
- 배관 외부의 응력 측정을 통한 막힘 정도 평가

배관 내부의 콘크리트 압력 측정은 게이지 부착용 계기가 부착된 파이프를 설치하여 측정하고 배관의 마모 정도를 평가하기 위해서는 압력부하가 가장 크게 작용하는 곳을 선정하여, 그 지점의 배관두께를 정기적으로 측정함으로써 평가할 수 있다.

유압(hydraulic pressure)의 경우 펌프 내부에 설치된 특수 센서를 통해 측정할 수 있으며, 펌프의 호퍼(hopper)에서 가장 가까운 지점의 압력을 최대 압송압력으로 평가하며, 수평 배관의 경우 끝 지점의 압력으로 콘크리트의 수평 이송에 따른 압력 손실을 평가하도록 한다. 수직 배관의 경우 정해진 높이에서 압력을 측정하여 압력 손실을 평가할 수 있다.

참/고/문/헌

1) 최재진 · 박상준, 레미콘의 제조 및 운반관리, 한국콘크리트학회, 2005. 5. pp.24-39.

2) 강훈 · 이종렬, 레미콘의 혼합설비 및 적재 운반설비 관리, 한국콘크리트학회지 14권 4호 2002. 7. pp.33-39.

3) 全國生コンクリート工業組連合會, "生コン工場品質管理ガイドブック" 2008.

4) 한국콘크리트학회, 레디믹스트 콘크리트의 품질관리, 2007.

5) 十河茂幸 · 竹田宣典, コンクリート施工のコツがわかる本, セメントジャーナル社, 2009, pp.30-36.

6) 아주산업, 레미콘 제조 및 운반, 2009.

7) KS F 4009 : 2011, 레디믹스트 콘크리트, 2011.

8) 한천구, 레미콘 · 건축 · 토목공사의 품질관리를 위한 레미콘 품질관리(Ⅱ), 기문당, 2008. pp.207-211.

9) 최민수, 건식레미콘 생산 시스템의 도입방안, 한국건설산업연구원, 1996.

10) 정삼룡, 초고층을 위한 콘크리트 펌프의 선정 방법, 건축 제53권 제8호, 2009. 8.

11) Putzmeister, Stationary concrete pumps general brochure.

12) 일본콘크리트공학회, コンクリート圧送工法ガイドライン2009および解説, 2009.

제 4 장 일반 콘크리트 타설

4.1 일반 사항

콘크리트는 재료의 계량과 배합이 정확하게 이루어지더라도 타설에 대한 관리가 적절하게 이루어지지 않으면 콘크리트의 최종 품질이 크게 달라지기 때문에, 소요 품질의 콘크리트를 얻을 수 있도록 타설 전·중·후의 관리를 철저히 실시해야 한다.

콘크리트 타설 전에는 합리적인 타설계획을 세우고 타설계획서에 따라 타설 구획과 타설 순서, 단위타설량을 정하도록 한다. 그리고 타설 관련 품질관리 조직을 계획해야 하며, 시공계획서에 따라 타설·다짐기구의 종류와 개수를 정한 뒤 적당한 위치에 배치시켜 놓도록 한다. 또한 거푸집과 철근의 관리에 대한 사항을 포함하고 있어야 하며, 안전 및 공해 방지 그리고 예상치 못한 상황에 대한 대책을 수립해야 한다.

콘크리트 타설 중에는 타설 직전의 콘크리트 품질이나 타설능률에 이상이 없어야 하며 시공계획서에는 타설계획, 타설순서 및 타설속도 그리고 이어치기 시간이 명시되어 있어야 한다. 또한 구조물의 요구성능을 만족시킬 수 있도록 철저한 다짐을 통해 콘크리트를 균일하고 치밀하게 채워야 한다. 콘크리트의 표면 마감은 외관뿐만 아니라 구조물의 내구성, 수밀성 등의 기본적인 성능 확보를 위하여 평활하게 되어야 한다.

콘크리트 타설 후에는 최종적으로 콘크리트의 소요품질이 확보되어야 한다. 설계도서나 시공계획서에 의해 정해진 콘크리트 압축강도가 확보된 후에 거푸집을 제거해야 한다. 거푸집을 제거할 때에는 규정된 방법에 따라 실시하며 제거 후에는 콘크리트의 압축강도가 설계기준압축강도에 도달할 때까지 미리 정한 양생 방법으로 양생을 실시해야 한다.

4.2 타설 전의 관리

4.2.1 타설계획 및 준비

콘크리트의 품질은 운반, 타설·다짐 방법에 따라 크게 영향을 받기 때문에 설계 및 시공조건을 충분히 고려하여 타설계획을 세워야 하며, 타설계획의 확인과 준비상황 등을 철저히 점검해야 한다. 타설계획의 확인과 준비에 있어서는 타설 구획, 타설 순서 및 단위타설량이 시공계획서대로 준비되어 있는지 확인해야 한다. 또한 타설·다짐기구의 종류, 대수 및 배치도 적절히 되어 있는지 확인하도록 한다.

콘크리트 타설을 계획할 때에는 콘크리트의 공급능력과 압송능력, 타설·다짐능력을 고려하여 1일 작업시간 동안 얼마나 타설이 가능한지를 알아야 한다. 일반적으로 콘크리트 타설작업은 아침부터 저녁까지로 계획하지만, 추가적인 작업이 발생할 때에는 작업시간을 연장하여 하루 안에 끝낼 수 있도록 계획한다. 1일 타설능력을 벗어나지 않는 범위 내에서 콘크리트 타설량을 계획하여 적절한 타설속도로 시공이 가능하도록 해야 한다. 또한 타설 구획은 레디믹스트 콘크리트 공장의 1일 공급능력(생산능력)에 따라 계획한다. 단위 타설량은 타설, 다짐, 운반에 대한 작업 및 장비의 능력에 따라 영향을 받기 때문에 펌프 압송량만으로 타설 구획을 계획해서는 안 되며, 1일 타설 구획에서 타설한 모든 콘크리트의 높이가 수평이 되게 타설되도록 계획한다.

4.2.2 작업 조직과 역할 분담

콘크리트 공사는 계획에서 종료까지 많은 공정이 연결되어 있으며 여러 작업 조직이 관련된다. 공사에 관련된 업무의 종류가 다양하고 관련 자료가 방대하기 때문에, 공사가 계획대로 진행될 수 있도록 작업 조직을 분류하고 담당자의 역할 및 책임 범위, 정보전달의 경로와 방법 등을 명확하게 하여 작업 지시가 잘 전달되고 관계자들 간의 의사소통이 원활히 이루어질 수 있도록 하는 것이 중요하다. 표 4.1은 콘크리트를 타설할 때의 품질관리체계와 작업 조직을 나타내고 있으며, 그림 4.1은 콘크리트 품질관리 조직의 예를 나타내고 있다.

표 4.1 **콘크리트 품질관리체계**

대 항목	중 항목	소 항목	품질관리의 내용	역할 분담			
				재료 제조업체 (자재공급업자)	레미콘 공장	시공자	공사감리자
콘크리트 제조 때의 품질관리	사용 재료의 반입검사	· 시멘트 · 골재 · 물 · 혼화재료	품질규정에 적합한지 확인	재료 시험 실시 및 시험성적표 발행	시험성적표 확인 또는 시험 실시	관리기록의 확인 또는 시험 실시	관리기록의 확인 또는 시험 실시
	제조 및 운반의 관리	제조 공정에서 재료관리	· 조립률 · 실적률 · 표면수율 · 인공경량골재 · 함수율의 관리		관리기록		관리기록의 확인 또는 시험실시
		재료계량	계량 정밀도의 관리		관리기록	관리기록의 확인	
		혼합	배합상황의 관리(워커빌리티, 공기량, 출하량이 많은 대표적인 콘크리트의 압축강도 등)		관리기록	관리기록의 확인	
		운반	운반시간의 관리		관리기록	시험기록의 확인 또는 시험 입회	
	제품 검사	제품 검사	하차 지점에 있어서의 레미콘의 제품 검사		시험 실시	시험기록의 확인 또는 시험 입회	
레미콘의 반입검사	반입검사	반입검사	타설지점에서 레미콘의 반입검사		시험협력 또는 시험 실시	시험·검사 실시 시험 입회·검사 실시	관리기록의 확인
압송 개시에서 타설까지 품질관리	타설할 때의 관리	타설 시의 관리	타설 전, 타설 도중에 이상이 발생하지 않도록 준비, 검사, 관리				
구조체 콘크리트의 압축강도	구조체 콘크리트의 압축강도	구조체 콘크리트의 압축강도	구조체 콘크리트의 압축강도 검사				

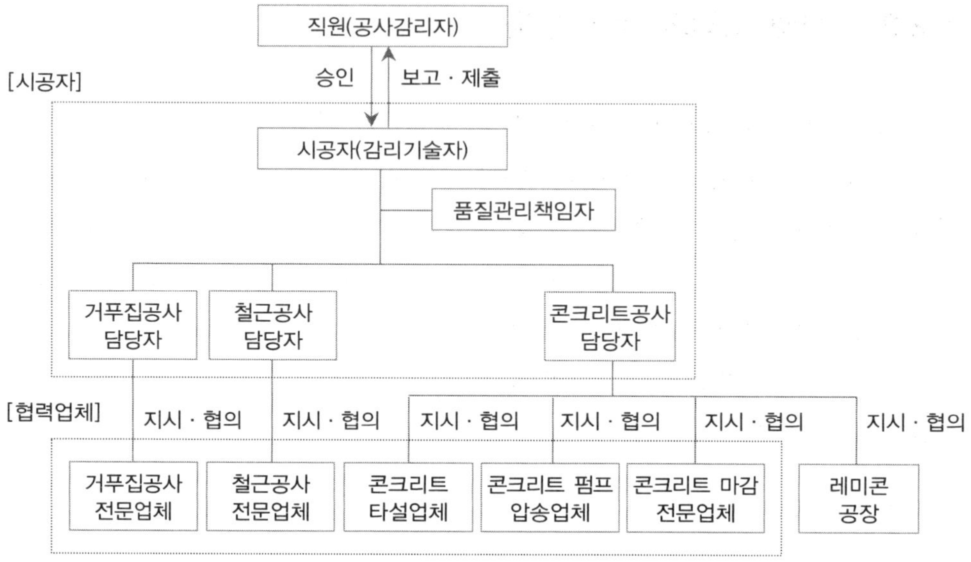

그림 4.1 **콘크리트 품질관리 조직의 예**

4.2.3 가설 및 기계

콘크리트를 균일하고 밀실하게 타설하고 다짐하기 위해서는 장비가 정상적으로 작동하는지, 장비가 몇 대 배치되어 있는지, 지연없이 작업을 실시할 수 있는지에 대하여 확인해야 하며 예비 장비도 점검해두도록 한다. 펌프는 배관계획에 따라 설치되어야 하며 배관은 해체 및 청소를 해주어야 한다. 그리고 비계에 배관하는 경우에는 비계가 움직이지 않도록 철저한 보강이 필요하다. 양생설비는 콘크리트의 오염을 방지할 수 있는 기능과 타설된 콘크리트의 방한, 방풍, 방우, 일사 방지의 역할을 해야 한다. 펌프의 설치장소 및 콘크리트의 운반경로, 타설장소를 고려하여 안전대책과 안전설비를 선정한다.

거푸집 청소와 콘크리트의 살수양생, 압송 종료 후 배관청소를 위해 급배수설비가 필요하다. 야간작업을 고려하여 전기설비를 갖추어야 하며 감독자 및 관계자들 간의 의사소통이 원활하게 이루어질 수 있도록 통신연락 설비를 갖추어야 한다. 또한 배관 교체 등에 사용되는 양중기도 필요하다.

운반 및 타설 장비 외에 진동기나 다짐용 기구, 쇠흙손 등을 작업상황에 따라 적절하게 계획하여 배치할 필요가 있다. 또한 콘크리트 재료분리를 방지하기 위해 작업조건에 따라 슈트나 깔때기 등의 보조수단도 적절히 사용한다. 배관 내의 콘크리트를 물청소하는 경우에는 배관 내에 충전된 콘크리트의 양 만큼 수량이 필요하다. 압송거리에 따라 수m^3에 해당하는 경우도 있으며, 펌프 본체를 청소하기 위한 물도 필요하다. 콘크리트 펌프차의 경우에는 물탱크가 탑재되어 있지만 현장의 조건에 따라서는 탱크 내의 수량만으로 부족한 경우도 있다. 신속하고 효율적인 청소작업을 위해서는 필요 수량을 계산하여 펌프 설치장소에 충분한 용량의 수도나 저수조를 준비한다. 또한 남은 콘크리트의 배출 장소 및 수송관의 청소 장소도 별도로 지정해두도록 한다. 압송할 때 발생하는 배관의 진동과 하중에 의해 배관의 정렬 문제가 발생할 수도 있기 때문에 배관의 지지 방법 등에 따라 정렬문제 방지 장치를 설치한다.

4.2.4 거푸집 관리

거푸집의 위치 및 크기에 대한 검사는 조립할 때 실시하도록 하며, 소정의 정확도 및 허용오차 범위 내에 있는지를 확인한다. 콘크리트 펌프에 의한 타설인 경우, 거푸집의 측압이 크게 되는 경향이 있기 때문에 거푸집의 긴결상태나 폼 타이의 간격, 보강 방법 등이 불량한 부위가 발견될 때에는 즉시 시정하고 지지대 및 경사 보강재 등의 상태를 점검한다. 거푸집 내부는 깨끗이 청소하여 이물질이 없도록 하고 콘크리트 이음부분은 살수하여 습윤상태를 유지하도록 한다.

콘크리트에는 필요에 따라 인서트, 앵커, 나무벽돌, 설비 관련 매설물 등이 매설된다. 콘크리트 타설 후에 매설물이 떨어지거나 설치 위치와 크기가 다르다면, 이것을 수정하기 위해서는 상당히 많은 작업이 필요하기 때문에 콘크리트 타설에 앞서 매설물의 수와 위치, 크기, 고정 방법에 대하여 점검해야 한다. 매설물의 종류에 따라 철근공사나 거푸집 공사가 끝난 후에도 검사가 되지 않은 경우가 발생할 수 있으므로 공사의 진행에 따라 적절하게 검사할 필요가 있다.

거푸집을 조립할 때 먹줄 매기기의 정밀도는 부재나 마감재의 종류에 따라 그 정도가 다르지만, 일반적으로 수평·수직에 대해서는 ±2mm 이내로 규정되어 있으며 거푸집의 마름질 정밀도는 ±5mm로 규정하고 있다. 거푸집을 점검할 때는 이러한 허용오차를 만족하고 있는지를 확인해야 하며 콘크리트 타설 중 동바리가 변형하지 않도록 잘 고정되어 있는지 확인해야 한다.

콘크리트 이어치기 부위는 균열의 발생이 쉽고 누수 및 철근부식의 원인이 되는 경우가 많아 구조내력이나 내구성을 저하시킬 수 있다. 벽, 보 및 슬래브 등의 수직 이음부는 시공결함이 발생하기 쉽기 때문에 가능한 이어치기를 하지 않으며, 수직 이음을 피할 수 없는 경우에는 전단력이 가장 작은 부재의 중앙부에 설치한다. 이음부에 사용되는 재료로는 익스팬디드메탈, 메탈라스, 비가황부틸고무, 거푸집널 베니어 등이 있다.

거푸집 조립은 철근조립과 밀접하게 연관되어 있으므로 철근공사에 대해서도 충분히 논의되어야 한다. 또한 설비공사에 있어서 설비배관이나 박스 철물을 매입하거나 배관을 위해 구멍을 내는 경우에는 전기, 공조, 급배수, 위생설비에 따라 관통구멍의 크기, 위치, 부착 방법 등이 달라지므로 콘크리트의 내력이나 내구성에 문제가 발생하지 않도록 계획하며 콘크리트 타설에 지장이 없도록 사전협의가 이루어져야 한다.

시공시기에 따른 거푸집의 품질검사 내용을 정리하면 표 4.2와 같다. 그러나 검사는 조립 중 수시로 하도록 하며 콘크리트 타설 전에 특정 점검 및 관리를 수행해야 하는 경우가 발생할 수도 있으므로 콘크리트의 타설 직전에도 점검 및 재확인을 할 필요가 있다. 또한 철근검사와 관리결과를 기록하여 감독자의 요구에 따라 제출할 수 있도록 해야 한다.

표 4.2 **거푸집 및 동바리의 품질검사**[5)]

<table>
<tr><th>항목</th><th>시험 · 검사 방법</th><th>시기 · 횟수</th><th>판정기준</th></tr>
<tr><td>거푸집, 동바리의 재료 및 체결재의 종류, 재질, 형상 치수</td><td>외관 검사</td><td>거푸집, 동바리 조립 전</td><td>지정한 품질 및 치수의 것일 것</td></tr>
<tr><td>동바리의 배치</td><td>외관 검사 및 스케일에 의한 측정</td><td>동바리 조립 후</td><td rowspan="3">경화한 콘크리트 부재는 거푸집의 허용오차 규정에 적합할 것</td></tr>
<tr><td>조임재의 위치 및 수량</td><td>외관 검사 및 스케일에 의한 측정</td><td>콘크리트 타설 전</td></tr>
<tr><td>거푸집의 형상 치수 및 위치</td><td>스케일에 의한 측정</td><td rowspan="2">콘크리트 타설 전 및 타설 도중</td></tr>
<tr><td>거푸집과 최외측 철근과의 거리</td><td>스케일에 의한 측정</td><td>철근피복 허용오차 규정에 적합할 것</td></tr>
</table>

4.2.5 철근배근 검사

철근배근의 검사는 철근이 소정의 위치에 정확히 배근되어 있는지, 콘크리트의 타설이 완료될 때까지 이동하지 않도록 지탱할 수 있는지, 피복두께가 확보되고 시공도의 조립순서에 따라서 철근이 배근되어 있는지를 확인해야 한다.

설계도 및 시공도에 따라 정확히 배근된 철근은 콘크리트를 타설하고 마감작업을 할 때 정해진 위치에서 이동되지 않도록 견고하게 조립해야 한다. 특히, 슬래브 철근은 콘크리트 타설작업 중에 위치가 이동되기 쉽기 때문에 충분한 주의와 보강이 필요하며, 보강 방법 등은 시공도에 명시되어 있어야 한다.

철근조립의 점검에서는 철근이 소정의 위치에 배근되고 피복두께가 확보되어 있는 것을 확인하는 것이 중요하다. 실제로 철근콘크리트 부재의 피복두께는 철근 자체의 휨이나 시공·조립, 거푸집 조립의 정밀도와 함께 콘크리트를 타설할 때 압송 배관의 이동에 의한 철근의 움직임에도 영향을 받는다. 따라서 철근이 설계도에 표시된 위치를 확보하기 위해서는 철근 상호를 결속하는 것 이외에도 철근고임재나 간격재의 적절한 사용이 필요하다. 철근고임재 및 간격재는 조립된 철근을 충분히 지지해야 하며 중량물에 대한 파괴나 변형이 없는 강성과 형상을 가져야 한다. 따라서 타설된 콘크리트와 동등 이상의 내구성을 가질 필요가 있다. 철근고임재 및 간격재에 따른 표준은 표 4.3을 참고하도록 한다.

표 4.3 **철근고임재 및 간격재의 표준**[5)]

부위	종류	수량 또는 배치간격
기초	강재, 콘크리트	8개 / $4m^2$ 20개 / $16m^2$
지중보	강재, 콘크리트	간격은 1.5m 단부는 1.5m 이내
벽 지하외벽	강재, 콘크리트	상단 보 밑에서 0.5m 중단은 상단에서 1.5m 이내 횡간격은 1.5m 단부는 1.5m 이내
기둥	강재, 콘크리트	상단은 보 밑 0.5m 이내 중단은 주각과 상단의 중간 기둥폭 방향은 1m 미만 2개, 1m 이상 3개
보	강재, 콘크리트	간격은 1.5m 단부는 1.5m 이내
슬래브	강재, 콘크리트	간격은 상·하부 철근 각각 가로 세로 1m

주) 수량 및 배치간격은 5~6층 이내의 철근콘크리트 구조물을 대상으로 한 것으로서, 구조물의 종류, 크기, 형태 등에 따라 달라질 수 있음.

4.2.6 타설 장비

1) 장비의 구분

콘크리트의 타설 장비는 시공여건을 충분히 고려하고 최대 콘크리트 압력을 비교하여 경제적인 장비를 선정해야 한다. 최근 건설공사에서 가장 많이 사용하는 타설 장비의 종류와 방법 및 장·단점을 그림 4.2와 표 4.4에 나타내었다.

타설 장비를 선정하는 경우, 먼저 시공여건에 맞는 장비의 소요 출력을 산정해야 하고 최대 타설량, 최대 콘크리트 압력 등을 비교하여 가장 경제적이며 효율적인 장비를 선정해야 한다.

표 4.4 **타설 장비의 종류과 장·단점**

구분	주름관	분배기	C.P.B (concrete placing boom)
방법	- 주름관을 바닥으로 끌면서 작업 - 일정 구간 타설이 끝나면 주름관을 끌고 다음 타설장소로 이동(인력 이동)	- 타설 부위에 철제 레일을 깔고(250mm 이격) 분배기를 타설하여 콘크리트 타설 - 일정 구간 타설이 끝나면 레일을 이용하여 분배기 이동	- 마스트에 타설 붐을 연결하여 콘크리트 타설 - 구조체 슬래브에 따라 마스트를 미리 상승시킴 - 수평관과 주름관 대신 C.P.B로 타설하며, 수직관은 일반 배관 방법과 동일하게 연결
장점	- 가장 보편적인 타설 방법 - 초기 투자비용이 적음 - 간단한 작업도구와 주름관으로 타설 가능	- 철근배근에 영향을 주지 않음 - 최소한의 인력으로 작업 가능 - 작업 진행이 빠르고 작업반경이 넓음	- 초고층 건물에 적용할 때 품질과 공정관리에서 효과 높음 - 철근배근에 영향을 주지 않음 - 최소한의 인력으로 작업 가능 - 반경 30m 이내의 고층건물에 적합
단점	- 길이 6m 주름관인 경우 타설할 때 무게가 250kg으로 주름관을 조정하는 과도한 인력 필요 - 콘크리트를 타설할 때 무거운 주름관을 계속 끌어야 하므로 작업효율이 떨어짐 - 타설할 때 철근배근이 흐트러지거나 스페이서가 파손되어 품질 저하 - 압송맥동에 의한 거푸집 형태 변형	- 장비를 올리기 위한 양중장비 필요(분배기 무게 약 1.3ton) - 장비 구입을 위한 초기 투입비 부담	- 마스트(수직 상승)와 플레이싱 붐이 추가로 필요하므로 규모가 크지 않은 현장에서는 경제적이지 못함 - 붐이 27m 이상일 경우 카운터 벨러스트가 필요하여 비경제적임 - 장비 구입을 위한 초기 투입비 부담

(a) 주름관 (b) 분배기 (c) C.P.B

그림 4.2 **타설 장비의 구분**

2) 장비 선정할 때의 요구사항

장비 선정의 첫 번째 순서로 전체 배관길이 및 이음개소를 고려하여 표 4.5와 같이 해당하는 각각의 소요압력을 합산한 후 발생 압력을 산정하도록 한다.

표 4.5 **장비 구분에 따른 적용기준**[8)]

구분	적용기준	구분	적용기준
최초 발생 압력	20bar	concrete placing boom	6bar
수직 파이프라인	1bar/4m	end hose	15bar
90° 곡관	1bar/1개	friction loss	1bar/100m
45° 곡관	1bar/2개	계	–
pipe coupling	1bar/10개	안전율 고려	계×0.2

두 번째로는 작업효율(일반현장의 경우 75% 적용)을 고려한 현장 요구 타설량을 산정하여 시간당 타설량을 결정한다. 세 번째로는 필요 출력 P(kW) = 0.04×시간당 타설량(m^3/h)×타설압력(bar)의 방법을 이용하여 장비 필요 출력을 산정한다. 마지막으로 상기 사항을 바탕으로 장비의 출력, 최대 발생력, 시간당 타설량 등을 모두 만족하는 장비를 선정한다.

4.2.7 안전 및 공해 방지 대책

콘크리트 공사를 할 때에는 공사현장과 그 주변 및 콘크리트의 수송, 운반경로에 있어서 안전 및 공해 방지 대책을 반드시 세워야 한다. 공사현장에서 추락, 낙하물, 붕괴 등의 일반적인 건설재해를 방지하는 것 이외에도 콘크리트 펌프 공법을 채용할 때 발생할 가능성이 있는 다음 사항에 대해서도 안전 및 공해 방지 대책이 필요하다.

먼저 펌프차와 콘크리트 운반차 사이에 발생하는 사고와 펌프차 붐의 조작에 따른 전도를 방지해야 하며, 압송 종료 후에 세정작업을 실시하는 경우 클리너 볼(cleaner ball) 및 콘크리트가 배관 선단에서 급격하게 분출되면서 발생하는 사고를 미연에 방지해야 한다. 그리고 도로에 펌프차를 설치하는 경우에는 차도 및 보행로에 있어서의 교통안전대책 및 펌프차의 소음·진동대책을 수립해야 하며 오수 및 남은 콘크리트의 처리 방법을 강구해야 한다. 이러한 안전 및 공해 방지 대책은 공사현장의 조건뿐만 아니라, 그 지역에서 정해져 있는 교통이나 소음에 대한 조례, 인접가의 협의사항 등도 고려해서 계획을 세우는 것이 바람직하다.

4.2.8 예기치 못한 상황에 대한 대책

강우, 강설, 지진, 교통체증, 콘크리트 펌프의 고장 및 거푸집의 파손 등의 예상치 못한 사고 때문에 공사계획을 도중에 변경하지 않으면 안 되는 경우가 발생한다. 변경해야 할 사항으로는 레디믹스트 콘크리트의 출하, 압송의 일시 중단 또는 중지, 타설 계획이나 타설 순서의 변경, 타설 종료시각의 변경, 시트양생이나 조명과 같은 가설준비의 변경 등이 있다.

계획을 변경할 때에는 판단을 신속히 하여 콘크리트 분진이나 그 외의 영향이 최소화되도록 관계자에게 연락, 지시를 명확하게 해야 한다. 이러한 상황에 대비하여 발생 가능성이 높은 상황을 미리 예측하고 대책을 세워둘 필요가 있다.

4.3 타설 중의 관리

4.3.1 일반 사항

콘크리트의 타설 중에는 타설 직전의 콘크리트 품질이나 타설능률에 이상이 없어야 하며 타설계획, 타설순서, 타설속도 그리고 이어치기 시간의 한도가 시공계획서대로 진행되어야 한다. 또한 높은 곳에서 콘크리트를 직접 낙하시키지 않아야 하며 타설 후의 강우 또는 강설에 대비하여 적절한 대책이 마련되어야 한다.

콘크리트 타설에 있어서는 콘크리트 타설 관리도를 작성하고 레디믹스트 콘크리트 트럭의 배차, 콘크리트의 상차시간 및 운반시간을 체크한다. 타설 직전의 콘크리트 품질에 대해서는 육안에 의해 워커빌리티가 양호한가를 점검하지만, 현장에서 타설시점의 콘크리트 품질에 변동이 발생한 경우에는 레디믹스트 콘크리트 공장에 연락하여 적절한 조치를 취하도록 한다.

콘크리트의 타설계획은 압송능력, 타설, 다짐능력 등을 고려하여 계획하지만, 그 이상의 구획을 타설하기 위해서는 펌프 압송능력이 큰 것을 사용하거나 펌프대수를 증가시켜 관리한다. 또한 타설능력에 대해서는 다짐능력이나 작업원의 인수를 고려하여 작업상황을 파악한다. 콘크리트를 타설할 때에는 콘크리트가 분리되지 않도록 균일하게 타설해야 하고, 콘크리트 슈트, 호스 등을 사용하여 타설할 때 이들의 선단과 타설 면과의 높이차가 커지면 콘크리트의 분리가 생기고 콘크리트의 낙하 충격에 의해 철근이 움직이거나 간격 등이 어긋날 우려가 있으므로 각별한 주의가 필요하다.

4.3.2 타설작업

타설작업은 인원 및 기자재의 배치가 계획된 것과 같이 실제로도 적절한가를 확인하면서 이루어져야 하며, 먼저 타설한 콘크리트와 뒤에 타설한 콘크리트 사이에 줄눈(콜드조인트)이 생기지 않고 다짐이 충분한 범위 내에서 연속적으로 타설한다. 먼저 타설한 콘크리트에 영향을 주지 않도록 하기 위하여 운반거리가 먼 장소부터 콘크리트를 타설하며 또한 거푸집의 변형이 일어나지 않도록 균형을 잘 맞추어 타설한다.

균질한 콘크리트를 얻기 위하여 한 구획 내의 타설 표면이 수평이 되도록 콘크리트를 타설하며 균일하게 진동 다짐을 할 필요가 있다. 한 층의 높이는 진동기의 성능 등을 고려하여 400~500mm 이하로 하는 것이 좋다. 콘크리트는 신속하게 운반하여 즉시 타설하고, 비비기로부터 타설이 끝날 때까지 시간은 원칙적으로 외기온도가 25℃ 이상일 때는 1.5시간, 25℃ 미만일 때에는 2시간을 넘어서는 안 된다. 그리고 콘크리트를 2층 이상으로 나누어 타설할 경우, 상층의 콘크리트 타설은 원칙적으로 하층의 콘크리트가 굳기 시작하기 전에 해야 하며, 상층과 하층이 일체가 되도록 시공한다. 이어치기 허용시간 간격은 표 4.6에 따라 준수하도록 한다.

표 4.6 **허용 이어치기 시간 간격의 표준**[5)]

외기온도	허용 이어치기 시간 간격
25℃ 초과	2.0시간
25℃ 이하	2.5시간

주) 허용 이어치기 시간 간격은 하층 콘크리트 비비기 시작부터 하층 콘크리트 타설을 완료한 후, 정치시간을 포함하여 상층 콘크리트가 타설되기까지 시간

자유낙하 높이가 너무 높으면 콘크리트의 분리가 일어나며 그 충격으로 철근이 움직이거나 스페이서 등이 분리될 우려가 있으므로 콘크리트표준시방서에서는 슈트, 펌프배관, 버킷, 호퍼 등의 배출구와 타설 면까지 높이를 1.5m 이하로 제한하고 있다. 타설 도중 콘크리트 상부 표면에 블리딩수가 있는 경우에는 적당한 방법으로 제거하도록 한다. 블리딩수를 제거하지 않고 바로 콘크리트를 타설해서는 안 되며, 고인 물을 제거하기 위해 콘크리트 표면에 홈을 만들어 흐르게 해서도 안 된다.

벽 또는 기둥과 같이 높이가 높은 구조물을 연속하여 타설할 경우에는 속도를 너무 빨리 하면 재료분리가 일어나기 쉽고 블리딩에 의해 나쁜 영향을 일으키기 쉬우며, 상부의 콘크리트가 약하게 되거나 수평 철근의 부착강도가 현저하게 저하될 위험이 있기 때문에 이를 피하기 위해 타설속도를 조정할 필요가 있다. 타설속도는 단면의 크기, 콘크리트의 배합, 다짐 방법 등에 따라 다르지만 일반적으로 30분에 1~1.5m 정도로 하는 것이 적당하다.

기둥 콘크리트를 타설할 때 기둥의 윗부분까지 타설 후 연속하여 보와 슬래브 콘크리트를 이어치면 그 경계선에서 침하균열이 발생하기 쉽다. 따라서 보와 연결된 밑부분에서는 기둥 콘크리트의 타설을 일단 멈추어 충분히 다짐을 하고, 블리딩수가 있으면 제거한 다음에 1~2시간 침강하기를 기다렸다가 콘크리트가 충분히 가라앉은 후 보와 슬래브의 콘크리트를 타설하는 것이 좋다. 또 계획적으로 보 아래에서 타설을 중지한 뒤 이어치기를 해도 좋다. 콘크리트가 굳기 전에 침하균열이 발생한 경우에는 즉시다짐이나 재진동을 실시하여 균열을 제거해야 한다. 재진동을 할 경우에는 콘크리트에 나쁜 영향이 생기지 않도록 초결이 일어나기 전에 실시해야 한다.

기둥 주변의 바닥판에는 기둥과 동일한 강도를 가진 콘크리트로 시공해야 한다. 만약 기둥과 바닥판의 강도가 다를 경우에는 낮은 강도의 콘크리트보다 높은 강도의 콘크리트를 먼저 타설하여 두 콘크리트가 일체가 되도록 충분히 다짐을 해야 한다. 기둥 콘크리트는 바닥 콘크리트와 일체를 이루어야 하고 기둥 콘크리트의 상면은 기둥면부터 슬래브 내로 600mm 정도 확대 시공해야 한다.

그림 4.3은 양호하게 타설된 예와 그렇지 못한 경우를 나타낸 것으로 호스의 분출구 앞부분이 거푸집에 들어가지 않는 경우 호퍼와 비닐호스 등을 이용하고, 또 타설 방향에 있어서도 거푸집 접촉면부터 타설을 시작하여 중앙부로 이동하는 방법 등을 사용하는 것이 좋다.

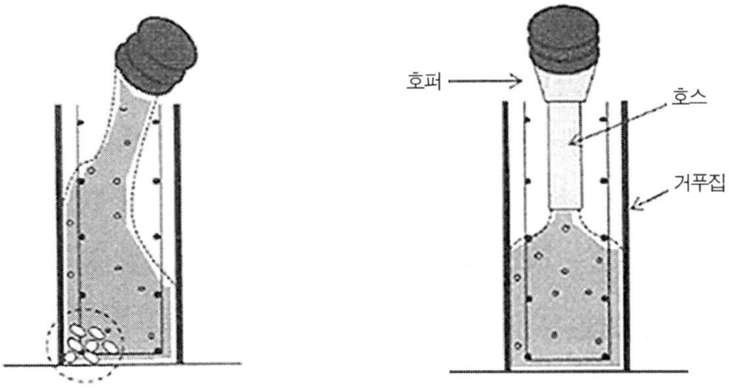

굵은골재의 모임(불량) (양호)

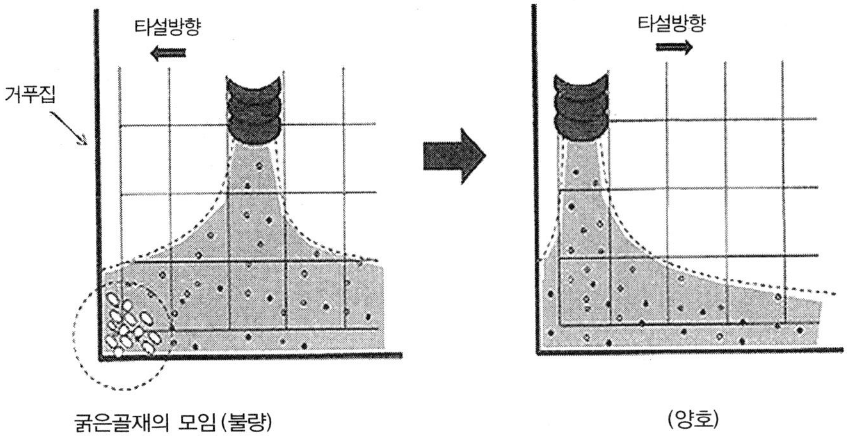

그림 4.3 **콘크리트의 타설 방법**

4.3.3 다짐 방법

콘크리트의 다짐은 공극을 적게 하고 철근, 매설물 등과 잘 밀착시키며 거푸집의 구석구석까지 콘크리트를 균일하고도 치밀하게 채움으로써 구조물로서 요구되는 성능을 만족시키도록 철저히 실시해야 한다. 또한 거푸집판에 접하는 콘크리트는 가능하면 평탄한 표면이 얻어지도록 타설하고 다져야 한다.

일반적인 다짐 방법으로는 다짐봉에 의한 내부 진동 방법과 나무망치 및 거푸집 두드리기와 같은 외부 진동에 의한 방법, 그리고 특수한 방법으로 진공 매트에 의해 도로포장 및 슬래브 콘크리트를 치밀하게 치는 방법이 있다. 그림 4.4는 진동에 의한 효과를 나타내고 있다.

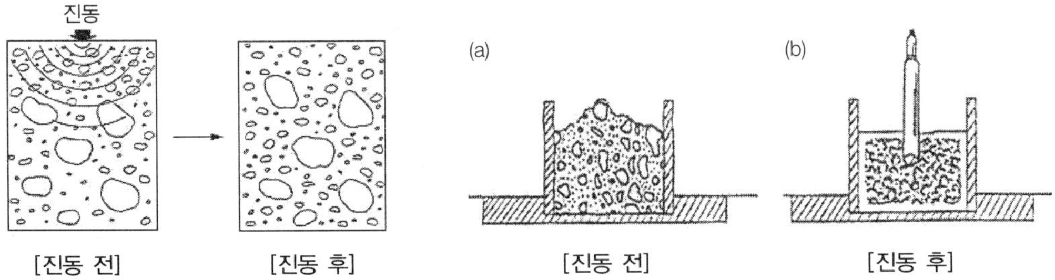

그림 4.4 **진동에 의한 효과**

1) 내부 진동

콘크리트 다짐에는 콘크리트 내부 진동기(KS F 8004)가 가장 널리 사용되며, 슬럼프가 작은 된비빔 콘크리트에 사용할 경우 충전성이 좋고 콜드 조인트를 방지하는 효과가 우수하다. 그러나 벽이나 기둥의 밑부분, 프리캐스트 부재와 같이 내부 진동기 사용이 곤란한 경우에는 거푸집 진동기(KS F 8005)와 다짐봉을 적절히 병행하여 사용하도록 한다.

진동기의 형식, 크기 및 대수는 1회에 다짐하는 콘크리트의 전 용적을 충분히 다지는 데 적합하도록 부재 단면의 두께 및 면적, 1시간당 최대 타설량, 굵은골재 최대 치수, 배합, 특히 잔골재율, 콘크리트의 슬럼프 등을 고려하여 선정한다. 내부 진동기는 봉형의 진동체를 가지는 것으로 전동기 또는 공기모터를 동력으로 하며, 콘크리트 속에 삽입시켜 진동 에너지를 방사상으로 전달한다.

내부 진동기의 시간은 콘크리트의 슬럼프, 진동기의 종류 및 성능에 따라 적절하게 정하도록 한다. 특히 진동을 한 장소에서 지나치게 오래 하면 콘크리트가 분리되기 때문에 콘크리트의 종류와 슬럼프 등에 따라 진동시간을 다르게 해야 하며 상태를 관찰하면서 다짐을 실시한다. 한 개소당 진동시간은 시멘트 페이스트가 표면 상부로 약간 부상할 때까지 실시하며 일반적으로 한 장소에서 5~15초간 진동시킨다.

진동의 효과는 봉의 지름, 진동수, 진폭 및 질량 등에 따라 다르며 진동 가속도에 비례하기 때문에 진동수가 큰 것일수록 다짐효과가 크다. 진동수는 일반적으로 7,000~8,000rpm 이상의 것이 사용되며 내부 진동기의 능력은 소형 진동기의 경우 4~8m^3/h 정도이다. 내부 진동기로 다지기를 할 때에는 봉을 연직으로 아래층의 콘크리트 속으로 0.1m 정도 찔러 넣는다. 또한 진동기는 콘크리트에 구멍이 남지 않도록 약 80mm/s의 속도로 서서히 빼내는 것이 좋다.

진동기의 삽입간격은 내부 진동기의 진동이 유효하다고 인정되는 범위의 지름 이하로 하며, 일반적으로 0.5~0.6m 이하로 하는 것이 좋다(그림 4.5). 표 4.7은 내부 진동기에 의한 영향 범위를 나타낸 것이며, 표 4.8에는 지름 27mm의 진동기를 사용했을 때의 진동시간과 진동의 유효 반지름을 나타냈다.

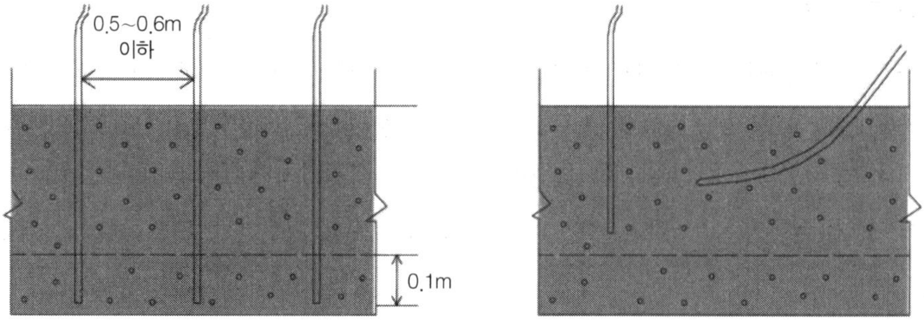

그림 4.5 **콘크리트의 진동 다짐 방법**

표 4.7 **진동의 영향 범위**

분류	봉 지름 (mm)	진동수 (rpm)	진폭 (mm)	보통 콘크리트			인공 경량골재 콘크리트		
				슬럼프(mm)			슬럼프(mm)		
				150	100	50	150	100	50
소형	38	8,000	2~3	150	120	100	200	150	100
대형	60	8,000	1.8~2.0	250	200	170	300	250	200
	60	12,000	0.2~1.5	500	350	220	600 이상	600	400

표 4.8 **콘크리트의 슬럼프, 진동시간 및 진동 유효 반지름의 관계**

슬럼프(mm)	0~30	40~70	80~120	130~170	180~200	200 이상
진동시간(초)	22~28	17~22	13~17	10~13	7~10	5~7
진동 유효 반지름(mm)	250	250~300		300~350	350~400	

주) 지름 27mm의 내부 진동기 사용

콘크리트 한 층의 타설 높이는 봉형 진동기의 길이가 약 600~800mm 정도이기 때문에 그 이하로 한다. 또한 진동봉의 앞부분은 미리 타설한 콘크리트의 약 100mm 깊이까지 삽입하여 콜드 조인트나 곰보를 방지한다. 진동봉의 삽입간격은 500~600mm를 표준으로 하지만 지름이 작은 봉형 진동기의 경우는 삽입간격을 적게 한다.

2) 외부 진동

외부 진동기는 거푸집 진동기와 표면 진동기로 구분되며 거푸집 진동기는 봉형 진동기를 사용할 수 없을 경우 봉형 진동기의 보조로 활용한다. 거푸집 진동기는 높은 벽, 기둥 등의 수직 부재에 사용하지만 거푸집이 변형되지 않도록 각재나 원형 파이프에 철물 등을 사용하여 고정시킨다. 거푸집 진동기에 의한 다짐은 부재의 깊이, 형상, 거푸집의 강성, 콘크리트의 타설 방법 등에 따라 다르지만 슬럼프가 180mm 정도인 경우 1~3분을 표준으로 한다. 외부 부착형 바이브레이터의 경우 장비 전용의 자진 모터로 건설용 거푸집 및 PC제품 거푸집, 테이블, 호퍼 등에 부착하여 외부에서 진동을 주어 구조물의 외형을 아름답게 마감하는 방법이다.

또한 진동기를 사용하는 위치는 콜드 조인트 발생을 억제하기 위해 미리 타설한 콘크리트의 표면보다 약 300mm 아래의 범위로 한다. 또한 진동을 가함으로써 폼 타이의 나사가 풀리거나 거푸집의 변형이 생기지 않도록 조립을 견고히 하며, 진동기의 설치간격은 2~3m에 1대로 산정하여 배치한다. 얇은 벽 또는 내부 진동기의 사용이 곤란한 경우 사용되는 벽타형 바이브레이터는 수직 부재 표면마감성을 향상시키고 기계의 중량이 5kg에 불과해 매우 유용하게 사용된다.

3) 특수한 방법에 의한 진동

내부와 외부 진동 방법 외에 사용되는 특수한 진동 방법으로는 진공매트 방식이 있다. 진공매트 방식은 콘크리트 타설 직후에 콘크리트 표면을 진공 탈수시켜 마감하는 방법으로, 진공처리는 매트나 밀폐된 패널을 콘크리트 면에 밀착시켜 진공펌프를 사용하여 진공 탈수하는 방식이다. 진공처리를 함으로써 콘크리트 표면의 물이나 기포를 없애고 다시 대기압 이상의 압력을 가함으로써 밀도를 크게 만드는 효과를 가진다.

사용 방법은 콘크리트 타설과 진동 다짐이 끝나면 곧바로 흡입매트를 길이 200mm 정도씩 겹치게 콘크리트 위에 놓고 펼친 후 그 위에 톱커버(top-cover)를 덮는다. 톱커버를 완전 밀폐한 후에는 진공펌프의 호스와 톱커버의 호스를 연결시킨 후 진공펌프의 작동버튼을 누르고 압력을 서서히 상승시켜 사용하며, 소요시간은 슬래브 두께 10mm당 1~2분 정도이다. 진공배수펌프 1대가 처리할 수 있는 면적은 1회에 $70m^2$이다. 표 4.9는 진동 방법에 따른 진동기의 종류를 나타낸다.

표 4.9 **진동 방법에 따른 진동기의 종류**

번호	종류		특징
1	모터 바이브레이터	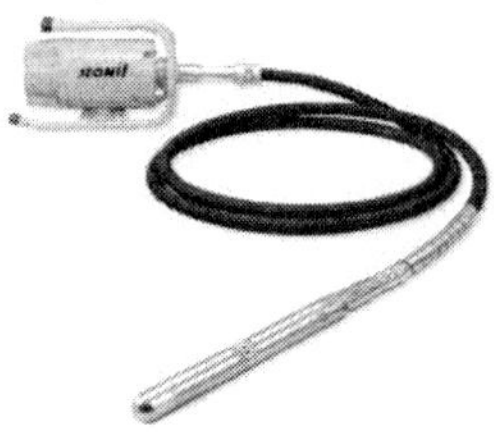	- 일반적으로 널리 사용되는 타입 - 전기모터를 동력으로 사용하며 공사현장 특성에 맞는 다양한 길이(5~12m)로 공급 가능함. - 사용이 편리하며 가격이 저렴하고 규격이 통일되어 있어 보수 유지가 간편해 경제적임.
2	엔진 바이브레이터	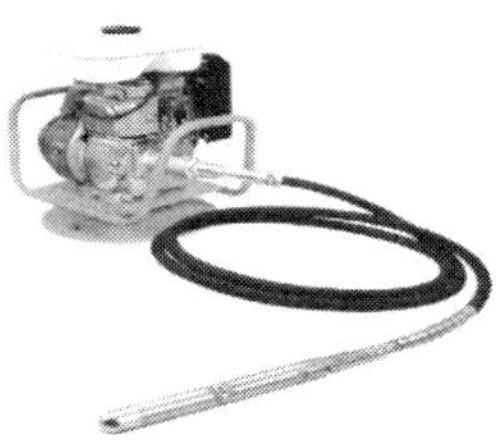	- 동력으로 전기모터 대신 가솔린 모터를 사용하므로 감전사고, 단전에 의한 작업중단 등의 위험이 없음. - 등에 짊어질 수 있어 1명으로 작업 가능함.
3	고주파 바이브레이터	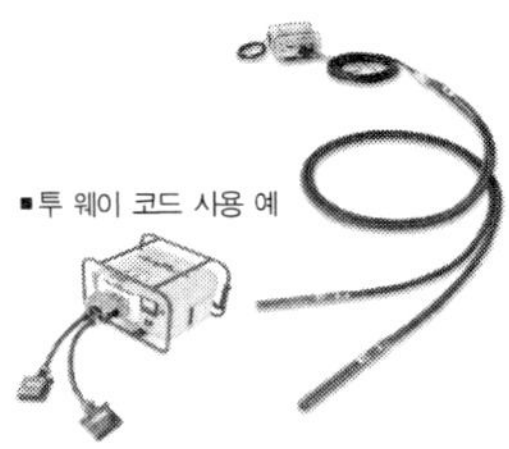	- 재료분리가 적음. - 물공, 기포가 거의 없어 미려한 콘크리트 표면 및 마감 가능(노출 콘크리트, 고강도 등 특수 목적 적합)함. - 작업반경이 넓고 작업인원 감소(1명) - 48V 출력전원으로 감전사고를 방지함. - 소음이 적어 야간작업 유리함.
4	벽타형 바이브레이터	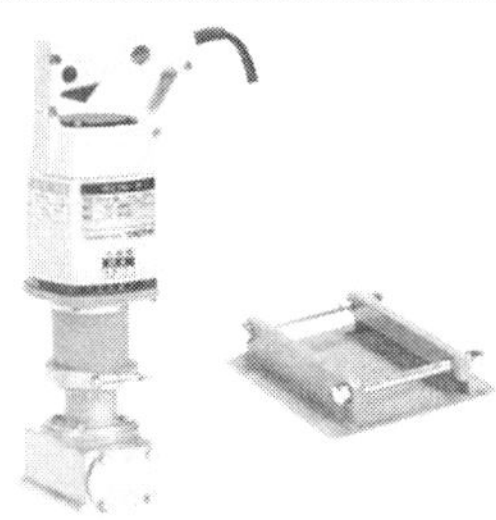	- 얇은 벽 또는 내부 진동기를 사용하기 곤란한 경우 우수함. - 수직 부재 표면마감성 향상 - 전용 홀더를 부착시켜 진동면적을 넓혀주고 진동블록의 마모를 지양시켜줌. - 중량 : 4.9kg
5	외부부착용 바이브레이터		- 48V(3ϕ) 전용의 자진 모터로써 건설용 거푸집 및 PC제품 거푸집, 테이블, 호퍼 등에 부착하여 외부에서 진동을 주어 구조물의 외형을 미려하게 만듦.
6	진공매트		- 건조수축이 적으므로 조인트를 줄일 수 있음. - 마모에 대한 내구성이 큼. - 콘크리트가 치밀하여 방수성이 좋음. - 레이턴스 제거효과가 있으므로 마감재와 접착이 용이함.

4.3.4 표면 마감

콘크리트의 표면 마감은 외관뿐만 아니라 구조물의 내구성, 수밀성 등의 기본적인 성능 확보를 위해 중요하며, 타설 및 다짐 후에 요구되는 정밀도와 물매에 따라 평활한 표면 마감을 해야 한다. 블리딩, 들뜬 골재, 콘크리트의 부분침하 등의 결함은 콘크리트 응결 전에 수정처리를 완료해야 한다.

표면 마감작업은 콘크리트 표면에 스며나온 물을 완전히 제거한 후 실시하도록 하며 소요의 마감면이 얻어지는 범위 내에서 최소한으로 하는 것이 중요하다. 지나치게 마감작업을 계속하면 표면에 시멘트 페이스트가 몰려 수축균열이 발생할 수 있고 레이턴스가 생겨 마모 저항성을 감소시키는 경우가 있으므로 오히려 역효과를 가져올 수 있다.

마감작업 후 콘크리트가 굳기 시작하기 전에 발생한 균열은 다짐 또는 마감작업을 반복하여 제거하도록 한다. 이러한 균열은 철근 위치에 콘크리트가 침하됨으로써 생기는 경우가 많은데, 태핑(tapping) 등의 처리에 의해 균열을 제거하면 균열이 다시 발생하는 것을 최소화할 수 있다. 또한 단면의 크기가 다른 부분에 콘크리트를 함께 타설했을 때 생기는 침하량의 차이 때문에 단면이 변하는 경계면에서 균열이 발생하는 경우가 많다. 이 때문에 콘크리트는 단면이 변하는 위치에서 타설을 중지하고 콘크리트의 침하가 끝나기를 기다린 다음 위층 콘크리트를 타설하는 등의 조치를 해야 한다. 콘크리트의 침하가 끝나는 시간은 콘크리트의 배합, 사용 재료, 온도 등에 의해 영향을 받기 때문에 일정하지 않지만 일반적으로 1~2시간 정도이다.

그 밖에 기둥, 벽 등의 수평 이음부 표면은 소정의 물매와 거친면으로 마감해야 하며, 마모를 받는 면의 경우는 마모저항성을 증가시키기 위해 물-시멘트비 및 슬럼프가 작은 콘크리트를 잘 다져서 매끈하게 마감하는 것이 중요하다. 콘크리트 마감의 평탄성 표준값은 표 4.10을 참고한다.

표 4.10 **콘크리트 마감의 평탄성 표준값**[5)]

콘크리트 면의 마감	평탄성	참고	
		기둥, 벽의 경우	바닥의 경우
마감 두께 7mm 이상 또는 바탕의 영향을 많이 받지 않는 마감의 경우	1m당 10mm 이하	바름 바탕 띠장 바탕	바름 바탕 이중마감 바탕
마감 두께 7mm 이하 또는 양호한 평탄함이 필요한 경우	3m당 10mm 이하	뿜칠 바탕 타일압착 바탕	타일 바탕 융단깔기 바탕 방수 바탕
제물치장마감 또는 마감 두께가 얇은 경우	3m당 7mm 이하	제물치장 콘크리트 도장 바탕 천붙임 바탕	수지마름 바탕 내마모마감 바탕 쇠손마감 바탕

4.4 타설 후의 관리

4.4.1 양생

1) 개요

양생이란 콘크리트의 강도, 내구성, 수밀성 등의 소요품질을 확보하기 위해 시멘트의 수화반응을 촉진시키기 위한 조치로써, 품질이 좋은 콘크리트를 얻기 위해서는 콘크리트를 타설한 후부터 적절한 환경에서 양생해야 한다. 즉, 타설된 콘크리트가 시멘트의 수화작용에 의해 충분한 강도를 발현하여 균열이 생기지 않도록 하기 위해서는 타설 후 일정한 기간 동안 콘크리트를 적당한 온도로 충분한 습윤상태로 유지시키고 유해한 작용의 영향을 받지 않도록 해야 하는데 이를 위한 작업을 양생이라 한다. 양생기간 또는 그 직후에는 콘크리트가 취약하기 때문에 균열 등의 결함이 발생하기 쉽다. 따라서 습윤양생과 더불어 직사광선이나 바람, 비에 의한 콘크리트를 보호하고 급격한 건조나 온도변화가 생기지 않도록 하고 과대한 하중이나 유해한 진동 및 충격 등이 작용하지 않도록 해야 하는데, 이와 같은 조치도 양생의 일부라고 볼 수 있다.

경화 초기에 콘크리트에 수분의 공급이 부족하면 시멘트의 수화에 필요한 물이 부족하여 콘크리트의 강도발현이 저하된다. 한편 양생온도가 낮으면 강도의 발현이 지연되고 온도가 과도하게 높으면 장기재령에서 강도 증진이 줄어든다. 또 경화 초기에 영하의 기온에 노출되면 초기동해에 따른 열화가 생긴다. 이는 콘크리트 내부의 물이 동결해서 경화 초기의 시멘트 경화체 조직을 파괴시켜 재령이 경과해도 강도가 증가하지 않는 현상이라고 볼 수 있다. 또한 단기간의 급격한 온도변화나 내·외부의 큰 온도변화를 받아 단면 내에 온도 차이가 크게 생겨 온도균열이 발생할 수도 있으므로 양생할 때 주의해야 한다.

2) 양생 방법

(a) 양생 방법의 개요

양생 방법은 양생의 목적에 따라 그림 4.6과 같이 분류할 수 있다. 실제로 이용되고 있는 양생 방법은 현장의 조건이나 부재의 치수, 형상, 위치 등에 따라 다르기 때문에 여기서는 여러 가지 양생 방법에 대하여 개요만을 논하기로 한다.

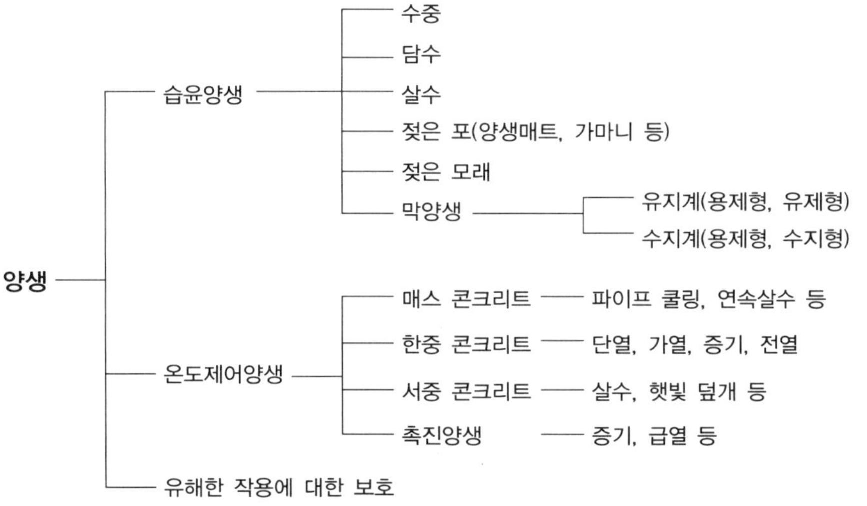

그림 4.6 **여러 가지 양생 방법**

표면적/체적비가 작은 부재의 경우 콘크리트를 타설하기 전에 거푸집을 기름이나 물로 적셔 콘크리트 내의 수분 흡수를 방지시켜야 한다. 경화 중에 거푸집을 적셔도 좋지만 거푸집을 탈형한 후에는 콘크리트에 살수하고 또 폴리에틸렌 시트 등의 적당한 덮개로 덮어줄 필요가 있다.

도로포장과 같이 콘크리트 표면적이 넓은 경우에는 태양열 등에 의해 건조가 빨리 일어나 표면에 균열이 생길 우려가 많으므로 이를 방지하기 위하여 응결하기 전에 표면을 덮개로 덮어 물의 손실을 막을 필요가 있는데, 이 시점에서 콘크리트는 역학적으로 약하기 때문에 덮개는 콘크리트 표면에서 좀 떨어져 지지시킬 필요가 있다.

콘크리트는 일단 응결이 끝난 후에는 물을 직접 뿌려서 습윤양생시킬 수 있다. 이것은 분무 혹은 살수해도 좋고 젖은 모래나 흙 또는 톱밥이나 짚으로 콘크리트를 덮어도 좋다. 또는 젖은 마포나 면포 등의 매트로 정기적으로 덮든지, 이것 대신으로 급수할 수 있는 흡습성의 커버를 콘크리트 위에 깔아도 된다. 이때 급수는 단속적인 것보다는 연속적으로 하는 것이 능률이 우수하다.

(b) 습윤양생 방법의 선정

콘크리트의 강도, 내구성, 수밀성 등의 품질을 높이기 위해 가능하면 콘크리트를 장시간 습윤상태로 유지하는 것이 좋다. 그러나 일반적인 구조물에서 장기간 습윤양생을 하기란 시공성 및 경제성 면에서 곤란한 경우가 많다. 따라서 콘크리트표준시방서에서는 보통 포틀랜드 시멘트에서는 5일 이상, 조강 포틀랜드 시멘트에서는 3일 이상의 양생을 표준으로 하고 있다.

습윤양생 방법을 대별하면 외부에서 수분을 공급하는 방법과 노출면을 완전히 피복하여 수분의 증발을 막는 방법으로 나누어지며, 수분을 공급하는 방법에는 수중, 담수, 살수, 젖은 포, 젖은 모래 양생 등이 있다. 양생효과로는 수중양생이 더욱 좋지만 실제 수중양생을 하는 구조물은 거의 없다.

슬래브 밑면이나 벽 같은 수직면은 급수에 의한 양생이 어렵기 때문에 수분증발을 막기 위해 탈형하지 않고 거푸집을 존치시키는 방법이 일반적이다. 이 경우 거푸집을 존치하는 기간을 양생기간으로 한다. 거푸집판이 얇거나 기온이 높아 거푸집판이 건조할 우려가 있는 경우에는 거푸집판에 살수하여 습윤상태로 해둘 필요가 있다. 양생방법은 기상 조건, 구조물의 종류, 시공 방법, 공사비 등 많은 요소를 총괄적으로 검토하여 선정할 필요가 있다.

양생 방법에 따른 양생효과를 판정하는 기준으로 압축강도 시험을 일반적으로 실시하고 있으며, 이외에도 초음파, 표면경도 등의 비파괴 시험이나 초기균열 관찰, 마무리면의 상황 관찰 등도 유용하다.

(c) 담수양생 및 살수양생

콘크리트 노출면에 물을 담을 수 있는 바닥판 등에서는 담수양생을 가장 완전한 습윤양생 방법으로 권장한다. 이때 수온과 콘크리트 온도와의 차가 너무 커지지 않도록 하고 물을 빨리 흘려보낼 기초의 토질이 연약하게 되지 않도록 하는 등의 주의가 필요하다.

실험실에서 공시체는 일반적으로 수온 18~24℃의 수중에서 양생하지만 현장에서는 살수양생이 더욱 널리 이용되고 있다. 살수양생을 하려면 습윤상태를 계속 유지시키는 것이 중요한데, 이때 스프링클러나 바늘구멍을 뚫은 비닐호스로 살수하는 것이 바람직하다. 이때 살수양생을 효과적으로 하기 위해서는 보수성(保水性)이 좋은 매트류로 노출면을 덮는 것이 좋다. 이외에 마포, 흙, 짚이나 가마니 등도 이러한 목적으로 사용된다. 이것은 수분증발을 막는 것 외에도 해가림, 바람가림, 온도 유지에 효과가 있다.

(d) 밀봉양생

노출면에서 수분의 증발을 방지하는 방법으로 밀봉양생이 널리 사용된다. 밀봉양생에는 방수지 및 플라스틱 시트 또는 막양생제가 가장 많이 사용되고 있다. 앞서 설명한 습윤양생은 지속적인 노동력이 필요하기 때문에 시간과 노임절감의 목적을 위해 근래에는 밀봉양생이 많이 사용되고 있다.

방수지나 플라스틱 시트는 콘크리트 표면이 손상되지 않을 정도로 콘크리트가 충분히 굳어졌을 때 콘크리트에 충분한 수분을 가한 후 곧바로 덮어 주어야 한다. 이 중 플라스틱 시트는 방수지보다 더 유연성이 좋고 복잡한 모양에도 적용이 가능하므로 더 많이 이용된다. 플라스틱 필름은 흡수성 재료와도 잘 부착되므로 콘크리트에서 증발하는 수분을 보유하여 재분배함으로써 양생을 개선시킨다.

막양생제는 어느 것이든 액상으로서 콘크리트면에 도포하면 곧바로 막이 형성된다. 일반적으로 백색안료를 섞어서 직사광선의 반사가 잘 되도록 하여 사용하고 있다. 적절한 피막은 배합수의 증발을 막고 시멘트의 수화에 필요한 습도를 유지하는 데 도움을 준다. 실험실에서 시험이나 현장에서 관찰에 의하면 유효한 피막에서 28일간 밀봉해 두면 14일간 습윤양생한 것과 같은 효과가 있다고 한다.

막양생제를 도포하는 시기는 양생효과에 큰 영향을 주며, 일반적으로 표면에 뜬 물이 없어지는 시기가 효과적이라고 볼 수 있는데, 이것은 뜬 물이 있을 때에는 피막액이 묽어지고 뜬 물이 없어져 건조하기 시작하게 되면 피막액이 흡수되어 버리기 때문이다. 다만, 뜬 물이 없어지기 전에 발생하는 플라스틱 균열을 방지하기 위해서는 빨리 도포하는 것이 좋다.

피막양생한 면에 콘크리트를 이어 칠 경우나 페인트를 칠할 경우에는 부착을 해칠 우려가 있으므로 양생이 끝난 후에 피막을 벗겨낼 필요가 있다. 특히 피막도포가 곤란한 경우나 적합하지 않은 경우에는 불투수성의 얇은 시트로 노출면을 덮어 콘크리트에서 수분증발을 억제시켜 양생시킬 수 있는데, 이것을 양생용 플라스틱 시트라 한다.

피막양생과 시트양생에 대한 효과를 콘크리트 슬래브에 대해 실험한 결과의 한 예를 표 4.11에 나타내었으며, 피막양생한 콘크리트의 압축강도 및 초음파 투과속도 시험 결과를 표 4.12에 나타내었다.

표 4.11 **피막양생 및 시트양생의 효과**

슬래브 번호	표면 마무리와 양생 방법	표면의 관찰 효과
No.1	블리딩수가 있는 동안에 비닐 시트로 전면을 덮는다.	균열은 없으나 레이턴스가 전면에 나타나고 블리딩수의 흔적으로 표면이 울긋불긋하여 표면 마무리가 매우 더러움.
No.2	물이 걷힐 때까지 방치하고 (30분) 막양생제를 도포한다.	철근과 경사방향으로 거의 눈에 띄지 않을 정도의 균열이 발생하며 기포의 흔적이 많음. 또한 굵은골재에 의한 표면의 요철이 많음.
No.3	물이 걷힐 때까지 비닐시트로 덮고 막양생제를 도포한다.	균열은 없음. 레이턴스가 전면에 나타나고 블리딩수의 흔적은 있으나 No.1보다는 덜함.
No.4	2시간 방치한 후 목재 탬퍼(tamper)로 재진동하고 막양생제를 도포한다.	재진동 전에는 슬래브 중앙의 철근방향으로 몇 개의 균열이 나타나고, 최대 길이 250mm, 폭의 2mm 정도였으나 재진동 후에는 작은 균열이 1개소 생겼고 표면은 깨끗함.
No.5	진공 콘크리트 공법으로 하고 막양생제를 도포한다.	균열은 없고 표면은 더욱 깨끗함.
No.6	일부 철근을 거푸집 밖에 노출시키고, No.2와 같은 요령으로 양생시키고 3시간 후에 밖에서 철근에 진동을 가한다.	철근에 진동을 가하면 다수의 균열이 발생함. 실제 슬래브 시공에서는 슬래브 폭의 1/2을 첫날에 타설했지만 나머지 슬래브의 철근 위를 인부가 왕래했기 때문에 임의로 타설한 콘크리트에 이 시험과 같은 진동을 주게 되어 균열이 발생함.

표 4.12 **피막양생이 강도에 미치는 영향**

양생 방법	압축강도(MPa)		초음파 투과속도(km/s)	
	재령 7일	재령 28일	재령 7일	재령 28일
수중양생	22(1.00)	33(1.00)	4.16(1.00)	4.43(1.00)
피막양생(원액)	20(0.93)	26(0.80)	4.05(0.97)	4.38(0.98)
피막양생(2배 액)	18(0.85)	25(0.75)	4.10(0.99)	4.21(0.94)
피막양생(3배 액)	19(0.88)	24(0.73)	4.07(0.98)	4.31(0.97)
공기 중 양생	15(0.69)	23(0.70)	3.98(0.96)	4.29(0.96)

4.4.2 거푸집 존치 및 철거할 때의 주의사항

거푸집 및 동바리의 제거는 콘크리트표준시방서 및 품질관리 도서에서 정한 존치기간 이후로 해야 하며, 거푸집의 제거시기를 콘크리트 압축강도로 결정할 경우는 현장 수중양생한 공시체의 강도가 소정의 값을 만족시키는지를 확인해야 한다. 거푸집을 제거할 때에는 작업 책임자를 선임하고 직접 지휘와 더불어 안전하게 작업하도록 해야 한다. 콘크리트에 이상이 보일 때에는 일단 거푸집 제거작업을 중지하고 속히 원인을 조사하여 재발을 방지하도록 조치를 취해야 한다.

거푸집 널은 초기재령의 콘크리트가 기상작용에 의한 악영향을 받지 않을 때까지, 동바리는 시공하중에 의한 유해한 변형이나 균열이 발생하지 않고 소요강도에 도달할 때까지 콘크리트를 보호하는 역할을 한다. 이에 대한 요구성능은 구조체의 설계 조건, 콘크리트의 배합, 시공 방법, 기상 조건 등에 따라 다르기 때문에 설계도서나 시공계획도에 근거하여 정해진 콘크리트 압축강도를 확인한 뒤 거푸집을 제거해야 한다. 참고로 거푸집 존치기간에 관련된 규정인 콘크리트표준시방서의 내용을 표 4.13과 표 4.14(콘크리트표준시방서 4.3.5 참조)에 나타내었다. 한편 2013년도에 개정 예정인 건축공사표준시방서에서는 보통 포틀랜드 시멘트 등을 사용할 때 평균 기온 20℃ 이상에서는 3일, 20℃ 미만~10℃ 이상에서는 4일로, 고로슬래그 시멘트(2종) 등을 사용할 때 평균 기온 20℃ 이상에서는 4일, 20℃ 미만~10℃ 이상에서는 6일로 개정하는 것을 추진하고 있다.

거푸집을 제거할 때 필요한 콘크리트 압축강도인 5MPa은 비교적 짧은 기간에 얻어지기 때문에 보통 콘크리트의 강도 시험은 하지 않고 표 4.13에 나타난 재령에 의해 제거시기를 관리한다. 평균 기온이 낮은 경우에는 표 4.14에 따라 압축강도 시험을 수행하여 확인한 후 해체해야 한다.

표 4.13 **콘크리트의 압축강도를 시험하지 않을 경우 거푸집 널의 해체 시기 – 기초 · 보 측면 · 기둥 및 벽의 측면**[5)]

시멘트 종류 / 평균 기온	콘크리트의 재령		
	조강 포틀랜드 시멘트	보통 포틀랜드 시멘트 고로슬래그 시멘트(특급) 포틀랜드 포졸란 시멘트(A종) 플라이애쉬 시멘트(A종)	고로슬래그 시멘트(1급) 포틀랜드 포졸란 시멘트(B종) 플라이애쉬 시멘트(B종)
20℃ 이상	2일	4일	5일
20℃ 미만 10℃ 이상	3일	6일	8일

표 4.14 **콘크리트의 압축강도를 시험할 경우 거푸집 널의 해체 시기**[5)]

부재	콘크리트 압축강도(f_{cu})
확대기초, 보, 기둥 등의 측면	5MPa 이상
슬래브 및 보의 밑면, 아치 내면	설계기준압축강도의 2/3배 이상 또한 최소 14MPa 이상

동바리의 제거에 필요한 콘크리트의 압축강도 시험은 한국콘크리트학회 제규준(안)의 KCI-CT-I01(구조체 콘크리트의 강도 추정을 위한 압축강도 시험 방법)에 따른다. 이 시험결과의 평균값이 설계기준압축강도 이상으로 나오면 동바리를 제거하는 것이 가능하다. 만약 강도가 부족하다면 예비 공시체에서 재령을 연장하여 재시험한 후 설계기준압축강도에 도달된 것이 확인되면 제거하도록 한다. 거푸집의 존치기간을 콘크리트 압축강도에 의하여 결정하거나 설계기준압축강도 이외의 압축강도에 의해 정하는 경우에도 동일한 방법으로 한다.

거푸집을 제거할 때에는 거푸집 해체 계획서대로 진행되도록 관리한다. 또한 해체 작업 시 위험이 따르기 때문에 안전이나 정리정돈에 대해서도 충분히 신경 써야 할 필요가 있다. 거푸집을 제거한 후 콘크리트의 압축강도가 설계기준압축강도에 도달할 때까지 미리 정한 방법으로 양생이 되도록 관리해야 한다.

참/고/문/헌

1) 한국콘크리트학회, 최신 콘크리트 공학, 2011.
2) 한국콘크리트학회, 레디믹스트콘크리트의 품질관리, 2007.
3) 부산대학교, 초고층 콘크리트 압송 공법 Manual, 2004.
4) 대한건축학회 부산울산경남지회, 건축시공학, 2010.
5) 한국콘크리트학회, 콘크리트표준시방서, 2009.
6) 대한건축학회, 건축공사표준시방서, 2006.
7) KS F 4009, 레디믹스트 콘크리트 해설, 2011.
8) 삼성중공업건설, 초고층 요소기술, 2002.
9) ACI C 304 Guide for Measuring, Mixing, Transporting, and Placing Concrete.
10) P.Kumar Metha 외 1명, CONCRETE Microstructure, Properties, and Materials, 2006.
11) Edward G. Nawy 외 1명, Concrete Construction Engineering Handbook, 2008.

제 5 장 매스 콘크리트의 타설

5.1 일반 사항

콘크리트의 타설이란 수평 시공이음부 준비 및 콘크리트의 운반, 취급, 타설, 다짐을 포함한 일련의 과정을 일컫는 넓은 의미이다[5),7)]. 매스 콘크리트 구조물은 그 크기가 매우 커서 수화열의 발현 및 부피변화에 의해 온도균열이 발생할 가능성이 크므로 이에 적절히 대처해야 하는 구조물을 의미한다. 일반 콘크리트 배합과 비교할 때 매스 콘크리트 배합은 대규모 타설에 따른 경제성 문제 및 수화열 저감을 위해 시멘트양이 비교적 적고 큰 직경의 굵은골재가 사용되며 슬럼프가 작은 경우가 많다는 것이 특징이다. 그러나 이러한 사항은 콘크리트 댐을 비롯한 일부 매스 콘크리트 구조물에 주로 적용되며, 많은 매스 콘크리트 구조물에는 통상 직경의 굵은골재 및 통상의 슬럼프가 사용되기도 한다.

일반 콘크리트와 비교할 때 매스 콘크리트를 타설할 때 특히 주의해야 할 점은 콘크리트 배합온도의 관리, 대규모 타설에 따른 면밀한 연속 타설계획, 분할 타설할 때 블록(block) 또는 리프트(lift)의 크기 및 블록 간 타설시간 간격의 적절한 선정 등이다. 이를 통해 사전에 검토된 매스 콘크리트의 수화열 및 온도균열 제어 효과를 확보함과 동시에 대량의 콘크리트를 소정의 품질을 확보하면서도 효율적으로 타설할 수 있도록 타설계획을 수립해야 한다. 사실상 이는 매스 콘크리트의 타설뿐 아니라 운반 및 양생 등 매스 콘크리트 구조물 시공의 전 과정에 걸쳐 염두에 두어야 할 사항이다. 예를 들어, 레미콘 트럭을 통해 매스 콘크리트를 운반할 때에는 배합온도의 상승을 억제해야 하므로 레미콘 트럭의 운반거리를 최소화할 수 있는 레미콘 제조 공장을 선정해야 하며, 현장에서 레미콘 트럭의 대기시간을 최소화 할 수 있도록 타설 및 배차계획을 수립해야 한다. 레미콘 트럭 애지테이터의 단열을 통해 운반 및 대기 중에 콘크리트의 온도상승을 최소화하려는 시도도 바람직하다. 이는 매스 콘크리트 배합에 선행냉각(프리쿨링 ; pre-cooling) 기법을 적용하여 배합온도를 낮춤으로써 수화열을 제어하고자 하는 경우 그 효과를 극대화하기 위한 기본 조치이다.

매스 콘크리트를 분할타설할 때 블록의 크기 및 블록 간 타설시간 간격은 수화열 및 온도균열 제어 목적에 기초하여 블록의 형상과 구속조건을 고려하여 적절히 정해야 한다. 여기에서 타설시간 간격은 먼저 타설한 콘크리트 블록에 접하여 새로운 콘크리트 블록을 타설하는 경우 두 블록 간의 시간 간격을 의미한다.

신구 콘크리트 간 경화 정도의 차이, 즉 탄성계수의 차이가 클수록 구 콘크리트에 의한 외부구속의 크기가 증가하여 신 콘크리트의 온도응력이 크게 발생하는 경향이 있으므로, 외부구속의 관점에서만 보자면 타설시간 간격을 너무 길게 계획하는 것을 피해야 한다. 그러나 타설시간 간격이 지나치게 짧은 경우에도 구 콘크리트 블록의 수화열이 충분히 방출되지 않은 상태에서 신 콘크리트 블록의 수화열이 추가적으로 발생하여 상호 영향을 미침으로써 신 콘크리트 블록 내부의 온도가 크게 상승될 우려가 있다. 따라서 블록 간 타설시간 간격은 간격이 긴 경우와 짧은 경우 중 어느 쪽이 균열 최소화에 유리한지 일괄적으로 정하기 어려우므로, 기존 유사 구조물의 시공 사례 및 수화열과 온도응력 해석 등을 통하여 판단해보는 것이 좋다. 그러나 이 장에서는 매스 콘크리트의 한 블록 내 타설작업을 주로 다루게 되며, 타설 블록 간의 외부구속, 수화열 및 온도균열 제어를 고려한 블록 간 타설시간 간격이나 블록의 형상에 대한 내용은 기타 참고문헌을 참조하도록 한다[3),6)].

5.2 시공이음부 처리

수평 시공이음부 처리의 기본은 시공이음부 콘크리트 상면을 깨끗하게 정리하는 것이다. 타설작업 이전에 신구 콘크리트 간의 양호한 접착 및 구조적 일체성 확보를 위해 이미 타설된 콘크리트의 수평 시공이음부에서 돌출된 굵은골재나 골재 부스러기, 발자국, 다짐할 때 발생한 구멍, 부적절한 요철 등을 제거해야 한다. 일반적으로 콘크리트 블록의 상부 표면은 수평에 가깝게 시공되지만, 표면이 약간 경사져 있을 경우 배수가 원활하므로 물을 사용하는 경우의 시공이음부 처리가 용이해진다. 시공이음부를 처리할 때 콘크리트 표면의 막이나 오염을 제거하여 모르타르와 골재의 깨끗한 표면이 노출되도록 해야 한다. 노출이 큰 굵은골재를 제거할 필요는 없으며, 이를 제거하는 것은 좋은 재료를 낭비하는 셈이 된다. 왜냐하면 신구 콘크리트 간의 접착강도는 돌출된 골재가 아닌 시멘트에 의해서 주로 발휘되기 때문이다. 이음부의 전단강도는 이러한 접착강도와 내부 마찰에 의해 결정되며, 여기에서 마찰은 구속압력과 굵은 골재의 맞물림에 의해 영향을 받는다. 기 타설된 콘크리트 표면에서 몇 mm 정도의 열화된 입자들을 제거하면 양호한 표면을 노출시킬 수 있다.

이처럼 깨끗한 표면은 양호한 접착강도와 수밀성 확보를 위해 필수적인데, 깨끗한 표면을 얻기 위한 가장 좋은 방법은 그림 5.1에서 보인 바와 같은 모래뿜칠(샌드블라스팅; sandblasting)이나 고압의 물(water jet, 41.4MPa 이상)로 청소하는 것이다. 모래뿜칠은 먼지 발생을 최소화하기 위해 물을 뿌리면서 실시하는 것이 바람직하다. 모래뿜칠은 콘크리트의 양생 일수에 관계없이 적용할 수 있는 장점이 있지만, 모래와 장비를 설치하고 제거해야 하는 번거로움이 있다. 한편 고압의 물로 청소할 경우에는 살수할 때 튀어나간 고속의 콘크리트 조각이 작업원이나 주변 구조물에 손상을 주지 않도록 주의해야 한다. 고압 살수는 청소 후 제거해야 할 콘크리트 파편들이 거의 남지 않는 장점이 있는 반면, 1주일 이상 양생되어 경화된 콘크리트에서는 그 효과가 떨어진다. 때로는 콘크리트의 종결이 발생하기 이전에 고압 살수하는 그린 컷(green cut) 방식도 가능하다. 그러나 이 경우 새로운 콘크리트가 타설될 때까지 이음부를 청결하게 유지하는 것은 쉬운 일이 아니며, 만약 표면이 더럽혀진다면 모래뿜칠이나 고압수를 이용하여 다시 청소해야 한다.

수평 시공이음부 상부에 콘크리트를 타설할 때 콘크리트 표면은 습기가 없는 건조한 상태여야 한다. 이음부가 건조하고 이물질이 없어야 새로운 콘크리트를 타설했을 때 접착강도 및 수밀성 측면에서 우수한 것으로 나타나고 있다. 이음부에 남아 있는 수분은 이음부의 시멘트 페이스트를 희석시키거나 약하게 만들 수 있다. 콘크리트를 타설하기 전에 구 콘크리트에 모르타르를 도포하는 방법은 접착강도나 수밀성 측면에서 적절하지 않은 것으로 판명되었다. 이러한 모르타르 도포 방법은 과거에는 널리 사용되었으나 이제는 매스 콘크리트를 타설할 때 더 이상 사용되지 않는다. 이것은 구 콘크리트 층이 충분히 다져지고 굵은골재 무더기가 적절히 분산되어 있다면 모르타르 도포와 동등한 결과를 얻을 수 있기 때문이다.

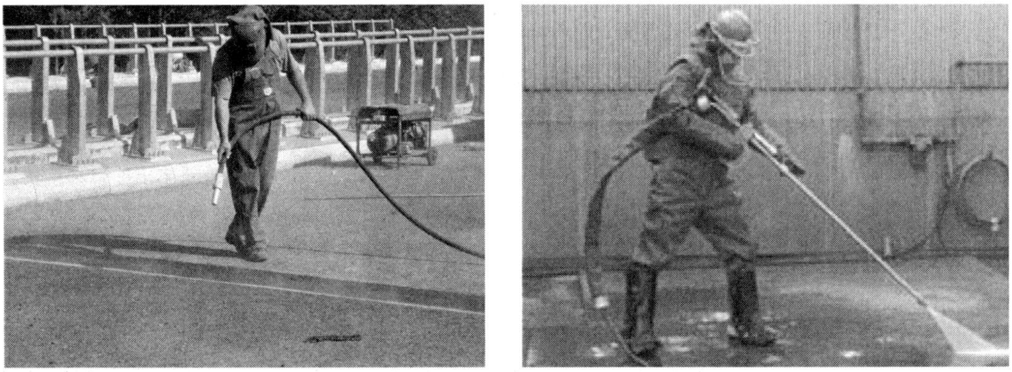

(a) 모래뿜칠 (b) 고압수 살수

그림 5.1 **수평 시공이음부의 처리**

5.3 운반 및 타설

매스 콘크리트의 운반 및 타설 장비의 선택은 굵은골재의 크기에 크게 좌우된다. 즉, 운반 및 타설작업 중 그림 5.2와 같은 굵은골재의 재료분리 현상을 최소화하는 것이 관건이 된다. 그림 5.3과 같은 버킷(bucket)으로 타설할 때에는 타설계획에 부합하는 충분한 배출 성능과 1회 배출량을 확보하는 것이 중요하다. 버킷의 형태에는 몇 가지 종류가 있지만 국내에서는 그림 5.3과 같은 호퍼(hopper) 형태의 버킷이 선호되고 있다. 댐과 같은 매스 콘크리트 구조물에는 75~300mm 직경의 자갈이 굵은골재로 사용되기도 하며, 이때 골재의 자중으로 인해 이동할 때 재료분리가 발생하기 쉬우므로 큰 용량(1.5~9m^3)의 버킷을 사용하는 것이 바람직하다. 궤도차, 트럭, 케이블웨이, 크레인 등의 장비, 또는 이들 장비들을 조합하여 버킷을 타설장소까지 이동시키게 된다. 굵은골재 직경이 75mm를 초과할 경우 버킷의 크기는 3~6m^{3}가 적절한데, 이는 버킷이 작을 경우 그러한 굵은골재를 사용한 콘크리트의 배출이 용이하지 않아 대규모 타설계획을 따라가기 어렵기 때문이다. 반면에 같은 직경의 골재에 대해 9m^{3}의 버킷을 사용하는 것도 한 장소에 너무나 큰 콘크리트 무더기가 배출되어 다짐 작업자의 대부분의 시간이 다짐이 아닌 콘크리트 분산에 사용되게 되므로 부적절하다. 한 예로, 비록 큰 버킷을 사용하더라도 콘크리트 무더기의 부피가 3m^{3}를 넘지 않도록 제어 가능한 배출구를 만들어 놓는 경우도 있다.

적절한 배합비 및 작은 슬럼프를 보유한 콘크리트는 일반적으로 버킷을 이용하여 단거리 이동할 경우 침하에 의한 재료분리 현상이 발생하지는 않는다. 그러나 타설장소로 이동 중 중간에 콘크리트를 받아들이는 위치가 있다면 여기에서 재료분리를 방지하도록 주의해야 한다.

그림 5.2 **콘크리트의 재료분리**

그림 5.3 **버킷(호퍼)을 이용한 매스 콘크리트 타설**

매스 콘크리트는 또한 덤프 레일카와 트럭으로 운반되고 컨베이어 벨트로 타설될 수도 있다[9]. 좀 더 진보된 형태로 그림 5.4와 같이 컨베이어 벨트가 장착된 크레인(creter crane으로 통칭)으로 매스 콘크리트를 타설할 수도 있다. 매스 콘크리트를 컨베이어 벨트로 타설하는 방법은 굵은골재 직경이 100mm 이하일 때 효과적이고 경제성이 있다. 이때 콘크리트의 슬럼프는 컨베이어 벨트로 운반 중 콘크리트가 유실되지 않을 정도로 작아야 한다. 컨베이어 벨트로부터 콘크리트가 배출되는 위치에서는 신속한 다짐을 통해 콘크리트가 쌓이지 않도록 주의해야 한다.

그림 5.4 **크레터 크레인(creter crane)을 이용한 매스 콘크리트 타설**

대형 빌딩 기초나 매우 크게 일체화된 콘크리트 구조물도 매스 콘크리트로 간주된다. 이 경우 재료 수급이나 작업현장의 여건상 40mm 직경 이상의 굵은골재를 사용하거나 특수한 타설 장비를 사용하는 것이 어려운 경우가 많다. 이 경우 일반 콘크리트에도 사용하는 통상적인 장비, 즉 작은 크레인 버킷, 콘크리트 펌프, 컨베이어 벨트를 사용하게 된다. 타설 장비를 선정할 경우에는 수화열 발생이 최소화되도록 선정된 매스 콘크리트 배합의 특성을 고려해야 한다. 즉, 타설 장비의 용량은 콜드조인트(cold joint)의 발생 또는 타설면이 덥거나 추운 외기에 노출되는 것을 최소화 할 수 있는 정도로 커야 한다. 이를 위해 때로는 여러 개의 타설 장비를 준비해야 한다.

한편 매스 콘크리트를 시공할 때에는 일반 콘크리트에 비해 작은 슬럼프를 갖는 콘크리트를 대량으로 타설하는 경우가 많다. 이 때문에 애지테이터 트럭(또는 레미콘 트럭)으로 콘크리트를 운반할 경우 현장에서 콘크리트를 배출할 때 비교적 긴 시간을 요할 수도 있으므로 이를 고려하여 배차계획을 세워야 한다. 매스 콘크리트를 펌프로 압송하여 타설하는 경우에도 작은 슬럼프를 고려하여 펌프의 성능이나 배관지름 등의 제원을 결정해야 한다[8].

매스 콘크리트는 연속적인 층(layer)으로 타설되는 것이 일반적이다. 이 장에서 사용하는 용어 중, 블록은 매스 콘크리트를 분할 타설할 때 수직 또는 수평방향의 시공 이음부를 형성하게 되는 블록(block)이나 리프트(lift)를 의미하고 타설 층은 한 개 블록을 여러 개의 층으로 연속 타설하여 시공할 때 그중 한 층을 의미한다. 콘크리트 1회 타설 층의 두께는 타설 장비(크레인 버킷, 펌프, 컨베이어 벨트 등)의 용량 및 다짐성능을 고려하여 결정하는 것이 바람직하다. 타설 층의 두께는 블록 높이의 일정 비율로 일관성 있게 설정해야 한다. 각 층의 콘크리트는 표면이 거의 수평이 되도록 타설하는 것을 원칙으로 하며, 타설할 때 한 층의 두께는 300~500mm를 표준으로 하되 각 층마다 충분한 다짐을 실시한다. 가능한 한 층 두께가 600mm를 초과하지 않도록 하며 경사진 층으로 타설하는 것은 바람직하지 않다.

매스 콘크리트를 타설할 때 중요한 또 한 가지 사항은 외기환경의 영향을 적게 받도록 노출면을 최소화하려는 계획을 세우는 것이다. 이를 위하여 매스 콘크리트의 타설 층들은 그림 5.5와 같이 연속적인 콘크리트 배출을 통해 계단식으로 진행함이 바람직하다. 이때 한 층은 한 회에 1.8~3.6m 정도 전진하면서 타설하는 것이 보통이며, 한 타설 층의 두께는 300~500mm가 적절하고 타설 층들의 전면 간에는 1.2~1.5m 정도의 차이가 나도록 한다. 이러한 계단식 타설 방법은 특히 더운 날씨에서 콜드조인트를 최소화하는 데에 유리하며, 선행냉각된 매스 콘크리트 배합이 더운 날씨에 노출되어 덥혀지는 현상이나 비가 내릴 때 우수에 의해 영향을 받는 면적을 최소화할 수 있다는 장점도 있다. 타설 층들 전면 간의 길이 차이가 1.5m 이상이면 콘크리트의 온도 상승이 과도하거나 우수에 의한 콘크리트 손상이 클 우려가 있다. 반면에 타설 층들 전면 간 길이 차이가 너무 적은 경우에도 신구 타설 층을 함께 다질 때에 콘크리트가 흘러내릴 우려가 있어 좋지 않다.

그림 5.5 **계단식 콘크리트 타설**

이러한 계단식 타설 방식은 거푸집이 모두 채워져서 블록 타설이 마무리될 때까지 블록의 전 폭에 걸쳐서 블록의 한쪽 끝부터 다른 쪽 끝까지 진행하게 된다. 이 경우 일부 타설 층들이 먼저 시공 완료된 상태에서 나머지 층들이 계속적으로 시공되는 상태가 된다.

매스 콘크리트 구조물의 거푸집은 타설할 때 발생하는 거푸집 측압에 대해 거푸집 형태를 유지하기 위한 앵커링이 중요하다. 앵커링 깊이는 매스 콘크리트를 고속 대량 타설할 때의 충격은 물론 진동 다짐할 때 콘크리트에 가해지는 압력에도 견딜 수 있을 정도여야 한다.

특히 매스 콘크리트와 같이 넓은 면적에 걸쳐 콘크리트를 타설할 경우에는 한 층의 콘크리트를 타설하는데 시간이 많이 소요될 수 있으므로 그림 5.6과 같은 콜드조인트가 발생하지 않도록 주의해야 한다. 이를 위해 이어치기 허용시간을 준수할 수 있도록 콘크리트의 공급능력을 고려하여 타설 층의 면적을 정해야 한다. 특히 외기온도가 높은 경우에는 이어치기 허용시간을 준수하지 못하여 콜드조인트가 발생하기 쉬우므로 응결지연제의 사용, 1회 타설 층의 높이 또는 면적 감소 등을 고려해 보아야 한다.

콘크리트의 이어치기 허용시간은 시멘트의 종류, 혼화제의 종류 및 사용량, 콘크리트의 온도, 외기온도 등에 따라 다르지만 국내의 경우 대체로 표 5.1을 따른다. 표 5.1에는 국내에서 통용되는 콘크리트의 비빔에서 타설까지 제한시간도 함께 명시되어 있으며, 이는 슬럼프의 손실을 최소화하여 작업성을 확보하는 의미 이외에도 매스 콘크리트의 경우 배합온도 상승을 억제하여 배합의 선행냉각효과를 극대화하기 위함이다[1),2)].

그림 5.6 **콜드 조인트**

표 5.1 **타설시간 관련 국내 규정**

항목	제한시간(분)
비빔~타설	90 (외기온도 ≥ 25℃)
	120 (외기온도 < 25℃)
타설 층 간 이어치기	120 (외기온도 > 25℃)
	150 (외기온도 ≤ 25℃)

매스 콘크리트에서는 타설되는 콘크리트양이 많은 관계로 타설 후의 침하가 비교적 커서 그림 5.7과 같은 침하균열이 발생하는 경우도 있으므로, 침하의 발생이 우려되거나 실제 과도하게 발생하고 있다고 판단되는 경우 재진동 다짐 등을 실시해야 한다. 특히 매스 콘크리트에서 콜드조인트 방지를 위해 지연제를 투입하여 응결시간을 지연시킬 경우 블리딩과 더불어 침하되는 경향이 커질 수 있다. 이러한 침하균열을 추가의 다짐작업을 통해 폐합시켜 놓지 않을 경우 이곳이 취약부위가 되어 추후 수화열에 의한 균열이 집중되어 발생하기 쉽다.

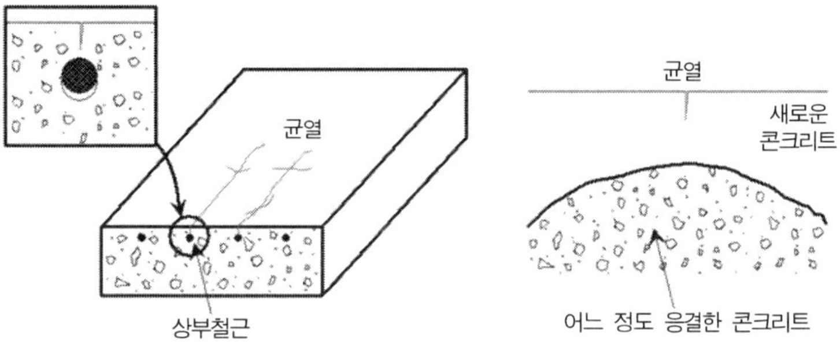

그림 5.7 **침하균열**

5.4 다짐

매스 콘크리트를 타설할 때에도 일반 콘크리트와 마찬가지로 진동 다짐은 필수적이며 특히 작은 슬럼프와 큰 직경의 굵은골재를 사용하는 경우에는 진동 다짐할 때 특별한 주의를 요한다. 매스 콘크리트에서 수화열 저감을 위해 시멘트 일부를 플라이애쉬나 고로슬래그로 대체하거나 배합비를 최적화하는 것은 다짐작업에 불리한 영향을 미치지는 않는다. 경험 많고 유능한 다짐 작업원이 유지관리 상태가 양호한 다짐기를 가지고 충분한 개수의 여분의 다짐기가 있는 상태에서 다짐작업을 실시해야 소정의 콘크리트 품질을 확보할 수 있다.

최근에는 매스 콘크리트도 고유동 배합으로 배합설계를 실시하여 다짐작업을 최소화한 상태에서 자기 충전성을 확보하기도 한다. 비효율적인 다짐 장비는 타설속도를 늦어지게 하고 다짐 부족으로 인한 콘크리트 품질 불량 및 공사비 증가의 요인이 된다. 다짐작업은 철저히 계획하여 각 타설 층의 모든 면적을 포괄하면서 동시에 타설 층 내부까지 충분히 다져야 한다. 타설 층끼리 측면에서 만나는 부분의 구 콘크리트는 아직 다짐이 충분히 실시되어 있지 않은 상태이므로 신구 콘크리트 간 측면 접합부에서는 특히 충분한 다짐이 필요하다.

만약, 다짐작업을 할 때 분리, 밀집되어 있는 굵은골재 무더기가 있다면 추가 콘크리트를 타설하기 전에 분산시켜야 한다. 이러한 굵은골재 무더기는 다음 콘크리트 층을 타설하고 다짐을 실시해도 제거되지 않기 때문이다. 또한 진동을 통해 굵은골재 무더기 틈에 모르타르를 스며들게 하여 경화시키기는 어려우며 콘크리트 무더기를 분산시키는 데 다짐기를 사용하는 것도 적절치 않다.

한 사람의 작업원에 의해 다질 수 있는 콘크리트의 양은 진동 다짐기의 효율, 작업자의 경험 및 능률, 콘크리트 배합의 특성 등에 의존한다. 최적의 조건에서 경험 있는 작업자의 경우 시간당 $40m^3$ 정도를 다질 수 있다. 매입물 근처 또는 복잡한 형태의 거푸집의 경우 다짐작업의 속도가 절반으로 줄어들 수도 있다. 이 중에서 진동 다짐기의 효율은 헤드의 직경, 주파수, 진폭에 좌우된다[11]. 150mm 헤드 직경을 가진 진동 다짐기는 100~150mm 직경의 굵은골재, 40mm 이하의 슬럼프를 가진 배합을 3~$6m^3$의 버킷으로 타설하여 460~510mm 두께의 타설 층을 만든 경우 적절한 다짐효과를 발휘한다. 더 작은 헤드 직경의 진동 다짐기는 75~100mm 직경의 굵은골재, 50mm 이하의 슬럼프를 가진 배합을 더 작은 버킷으로 타설하여 300~380mm 두께의 타설 층을 만든 경우에 적합하다.

매스 콘크리트를 대량 타설할 때에는 표 5.2의 예와 같이 용량이 크고 효율이 좋은 진동 다짐 장비를 사용해야 한다. 일반적으로 굵은골재 직경이 40mm를 초과하고 시멘트양이 비교적 적은 매스 콘크리트 배합의 경우, 슬럼프가 작다면 표 5.2의 2번 제원의 다짐기를 사용하는 것이 바람직하다. 표 5.2는 대규모 타설이 요구되어 타설속도가 빠른 매스 콘크리트에 권장되는 다짐기 제원을 명시한 것으로서[11] 일반 콘크리트에 사용되는 다짐기보다는 헤드 직경이 크고 진동 주파수가 작으며 영향 범위가 큰 것이 특징이다. 철근 밀집구역에서는 철근 사이로 헤드가 관통해야 충분한 다짐이 되므로 작은 헤드 직경을 가진 진동기를 사용하기도 한다.

표 5.2 **매스 콘크리트의 진동 다짐기 제원**

번호	헤드 직경 (mm)	추천 주파수 (Hz)	영향 반경 (mm)	타설속도 (m^3/h)	적용 범위
1	75~150	120~180	300~500	11~31	발전소, 교각, 기초 등에서 50mm 슬럼프를 가진 매스 콘크리트 배합이 3m^3 단위로 폼타이 개수가 적은 거푸집 내에 타설될 때. 또는 댐에서 거푸집, 매입물, 철근 주위를 추가 진동 다짐할 때.
2	125~175	90~140	400~600	19~38	중력댐, 대형 교각, 두꺼운 벽체 등의 매스 콘크리트를 시공할 때 3m^2 또는 그 이상 단위로 타설되는 콘크리트 다짐에는 2개 또는 그 이상의 진동기가 동시에 필요함.

타설 층이 두꺼운 것보다는 얇은 것(통상 300~500mm를 추천)이 다짐 품질도 양호하고 이음부, 모서리, 거푸집면 및 타설 층 내부에서 곰보(rock pocket, air pocket, honeycomb)가 발생하는 현상도 최소화할 수 있다. 또한 타설 층이 얇은 경우 상하 두 개의 층이 다짐에 의해 일체화되기에도 용이하다. 콘크리트 표면으로 큰 공기방울이 올라오지 않을 때, 즉 콘크리트 내부의 연행공기가 제거될 때까지 한 위치에서 진동 다짐을 실시하되, 한 개 진동 다짐기당 평균 진동시간은 콘크리트 1m^3당 80초 정도면 충분하다.

또는 배합비나 슬럼프에 따라서는 한 번 진동 다짐기가 삽입된 위치에서 10~15초 정도 유지해도 된다. 슬럼프가 작은 매스 콘크리트를 과하게 진동 다짐하는 것은 바람직하지 않다. 철근 밀집구역에서는 타설 층 두께를 더 작게 선정하고 철근 주위를 콘크리트가 둘러쌀 수 있도록 주의를 기울여야 한다.

타설작업을 할 때에는 매스 콘크리트에서 목표하고 있는 타설속도와 보조를 맞추고 소정의 다짐 품질을 확보할 수 있도록 진동 다짐기의 위치 및 개수 등을 조절해야 한다. 배출된 콘크리트가 무더기를 이루고 있을 경우, 먼저 다짐기를 통해 소정의 타설 층 두께 및 점유면적을 갖도록 조치한 후 본격적인 다짐작업을 실시하는 것이 바람직하다. 상층의 콘크리트를 다질 때에는 그림 5.8과 같이 상층 및 하층이 일체가 되도록, 하층 콘크리트가

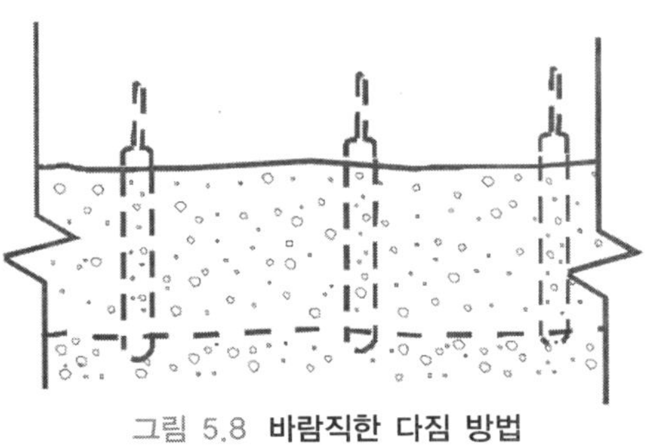

그림 5.8 **바람직한 다짐 방법**

아직 굳지 않아서 진동 다짐효과가 있는 상태에서 다짐기를 하층의 표면에서 50~100mm 깊이까지 관입시켜야 한다. 다짐기는 삽입할 때와 빼낼 때, 그리고 다지는 동안 수직을 유지하는 것이 중요하다.

다짐 간격은 일정하면서도 비교적 조밀해야 하며, 다짐 순서는 사전계획에 따라 체계적으로 실시해야 한다. 이때 각 다짐 작업자가 담당하고 있는 구역을 미리 나누어 놓아야 한다. 두께가 비교적 작은 타설 층의 경우에도 충분한 다짐이 필요하며, 특히 타설 층 간 이음부나 타설 층 모서리에 곰보가 발생하지 않도록 주의해야 한다. 진동 다짐기의 자중에 의해 다짐기가 콘크리트 내부로 가라앉을 정도로 콘크리트가 아직 경화되지 않았다면 필요한 경우 재진동 다짐을 실시하는 것도 가능하다. 특히 수직의 거푸집면의 경우에는 재료분리, 다짐불량, 곰보 등이 발생하기 쉬우므로 블록 간의 접합면이나 타설 층 간의 접합면에 대해 거푸집면을 따라 체계적으로 깊숙이 재진동 다짐이 실시되어야 한다.

그러나 경사진 거푸집면의 경우 추가의 다짐을 통해서도 곰보의 완전한 제거가 어려울 수 있다. 다짐기가 접근하기 어려운 위치인 경우에는 보조적으로 거푸집 진동 다짐을 실시할 수 있다. 그러나 이 경우 과한 다짐은 거푸집면의 페이스트를 약화시킬 수 있으므로 주의해야 한다. 실 시공 이전에 주어진 매스 콘크리트 배합을 가지고 모형실험을 실시하여 다양한 콘크리트면에 대한 최선의 다짐 방법을 도출해놓는 것이 바람직하다.

앞서 언급한 계단식 타설의 경우 전진 타설되는 전면에서 어느 정도 떨어진 곳까지만 다짐작업을 실시해야 하며, 전면의 경우 그 후 타설되는 같은 층의 콘크리트와 일체화되도록 다짐되어야 한다.

마지막 타설 층의 경우 콘크리트 상면은 진동 다짐을 통해 충분히 편평한 상태로 수평을 맞추고 콘크리트에 진동기를 삽입함으로써 생긴 구멍을 없애야 하며, 굵은골재는 콘크리트에 거의 완전히 잠기도록 하고 작업자의 발자국이 남지 않도록 필요한 경우 작업용 판자를 얹어 둔다. 또는 작업자가 합판으로 된 신발을 신고 작은 진동기로 표면을 마무리하는 것도 가능하다. 이러한 콘크리트 상면은 추후 타설되는 블록과의 시공이음을 이루게 되므로 시공이음부의 용이한 처리를 위해서도 이와 같은 작업들이 필요하다.

특수한 경우에는 불도저, 크레인, 수압 호이스트를 통한 대규모의 다짐도 가능하다. 예를 들어, 불도저가 콘크리트를 분산시키고 편평하게 만들어 다짐이 용이하도록 조치한 후 프레임에 설치된 세 개 또는 그 이상의 진동기를 통해 다짐을 실시할 수도 있다. 이러한 작업을 용이하게 실시하기 위해서는 거푸집에 설치된 폼타이 개수가 최소화되어야 한다.

참고로 매스 콘크리트를 수중에 타설하는 경우에는 진동 다짐을 실시하지 않는다. 수중불분리 콘크리트의 경우 일반적으로 결합재량이 많고 굵은골재의 크기가 작은데 이는 트레미(tremie) 관이나 펌프 라인을 통해 타설된 후 콘크리트의 충분한 흐름을 유도하기 위해서이다. 같은 목적으로 수중불분리제와 감수제를 사용하는 경우도 많으며, 이는 재료의 분리를 방지하고 다짐성능을 향상시키기 위한 목적도 있다. 수중 매스 콘크리트 구조물의 예에는 수중에 잠긴 교각 기초, 대형 콘크리트 해상 기초, 부유식 구조물의 수중에 잠긴 부분 등이 있다.

5.5 양생

매스 콘크리트를 타설한 후에는 일반적인 콘크리트 공사의 경우와 마찬가지로 여러 가지 기상 조건으로부터 콘크리트를 보호하고 양호한 강도발현 효과를 거두기 위하여 적절한 양생을 실시해야 한다. 콘크리트의 양생은 이 실무매뉴얼의 범위를 벗어나므로 기타 참고문헌을 참조하도록 한다[4),10)].

5.6 롤러다짐 콘크리트

그림 5.9와 같은 롤러다짐 콘크리트(RCC : Roller-Compacted Concrete) 기법은 댐(RCCD : RCC Dam)이나 포장(RCCP : RCC Pavement) 등에 널리 쓰이고 있으며 매스 콘크리트를 시공하는 한 방법이다. 슬럼프가 없는 콘크리트를 수평 층으로 포설한 후 진동 롤러로 전압하여 다지며, 도로의 기층 시공 또는 흙이나 암석을 채우는 시공과 동일한 장비가 사용된다. 이 경우 일반적으로 콘크리트의 다짐에 사용되는

"consolidation"이란 용어 대신 지반의 다짐에 사용되는 "compaction"이라는 용어가 주로 사용된다.

그림 5.9 **롤러다짐 콘크리트의 시공**

여기에서는 주로 롤러다짐 콘크리트 댐의 경우에 대해 기술하기로 한다. 롤러다짐 콘크리트는 보통 200~300mm 층으로 시공되지만, 경우에 따라 1,000mm 두께의 층으로 시공된 사례도 있다. 300mm보다 두꺼운 층으로 시공되는 경우 콘크리트는 전압 이전에 여러 개의 얇은 층으로 포설되어야 한다. 시공에서는 그림 5.9에서 보이는 바와 같이 보통 드럼 길이방향으로 1,800~4,500kg/m의 중량을 가진 드럼식 진동 롤러가 전압에 사용된다. 어떤 경우에는 마감을 위해 24,000kg 정도의 중량을 가진 공기압 타이어 롤러가 사용되기도 한다.

대형 기계작업이 어려운 위치나 벽 또는 장애물 근처의 경우에는 작은 인력 롤러나 소형 전압다짐 기계인 탬퍼(tamper)가 사용되기도 하는데, 이때는 양호한 전압을 위해 더 얇은 층으로 시공해야 한다. 타설 및 전압은 일반적으로 수평 층에 대해 행해지나 필요시에는 약간의 경사가 있는 곳에서도 가능하다. 보통 첫 번째 전압은 진동이 없는 정적 모드에서 행하고 그 뒤에 몇 차례 진동 전압을 실시한다. 표면 균열을 저감하기 위해 초기 전압을 실시한 후 1시간 뒤 마무리 전압을 실시하는 것도 효과적이다. 작업자는 전압 층들이 수평으로 연결되는 부분에 최소 150mm의 겹치는 부분을 두어야 한다. 특히 이전에 타설된 콘크리트가 초결에 이르렀을 경우 이러한 이음부의 전압에 더욱 주의를 기울여야 한다.

최적의 진동 롤러 선택 방법은 아직까지 확립되지 않았기 때문에 현장 시험 시공에 근거하여 정하는 것이 바람직하다. 일반적으로 진동 롤러에는 다음과 같이 2가지 종류가 있다: 1) 고주파, 저진폭 롤러: 30~50Hz, 0.38~0.75mm 진폭으로 아스팔트 전압에 주로 사용. 2) 저주파, 고진폭 롤러: 20~30Hz, 0.75~1.5mm 진폭으로 흙 및 암석 채움 전압에 주로 사용. 이 외에도 블록의 높이, 콘크리트 배합의 특징, 굵은골재의 최대 크기, 단위수량 등도 롤러의 선택에 영향을 미친다.

기 타설된 콘크리트 블록과의 양호한 접착 및 시공이음부에서 낮은 투수성을 확보하기 위해 롤러다짐 콘크리트 배합 및 포설 기법을 적절히 선택하여 재료분리 및 오염을 방지하도록 해야 한다. 상부 층을 타설하기 전에 하부 층 표면은 깨끗이 유지되어야 하며 75~125mm 두께의 얇은 모르타르 층을 먼저 도포해두는 것이 유리하다. 일반적으로 적절한 크기의 진동 롤러를 4~6회 통과시키면 밀실하고 다짐이 우수한 콘크리트가 시공된다. 블록의 두께가 크거나 콘크리트 배합이 된 경우에는 좀 더 많은 통과횟수가 필요하며 일반적으로 시험 시공을 통해 최적 통과횟수를 결정하는 것이 바람직하다.

5.7 매스 콘크리트 타설 사례

5.7.1 ○○댐

이 콘크리트 댐 구조물은 슬럼프가 없는 콘크리트를 사용하는 통상적인 롤러전압 콘크리트 댐 방식이 아니며, 슬럼프 30mm 정도의 콘크리트를 사용하여 시공성을 향상시킨 신공법인 ELCM(Extended Layer Construction Method)이 적용되었다. 댐의 단면 및 분할타설 구간은 그림 5.10과 같다. 블록(리프트)의 높이는 1단은 0.2m, 2단~11단 0.75m, 12단~45단 1.5m, 46단~47단 0.75m이다. 한 개의 블록은 평면상으로 여러 개의 구간으로 나누어 시공하게 된다. 표 5.3은 댐 부위별로 적용된 콘크리트의 배합표를 보여주고 있다. 통상의 댐 콘크리트와 같이 위치에 따라 150mm 또는 80mm의 최대 직경을 가진 굵은골재를 사용하였으며, 수화발열을 최소화하기 위해 저열 시멘트를 적용하였다.

표 5.3 **○○댐의 콘크리트 배합표**(단위 : kg/m^3)

적용 위치	구분	적용 블록	설계기준 압축강도 (MPa)	굵은골재 최대 크기 (mm)	슬럼프 (mm)	물-시멘트비 (%)	시멘트 (저열 시멘트)	물	잔골재	굵은 골재	혼화제
내부	원안	1단~15단	12	150	30	65.0	162	105	638	1,492	1.30
	변경안	16단~47단		80	30	65.2	163	106	629	1,477	1.30
외부 및 암착부	원안	1단~15단	18	150	30	55.0	184	101	596	1,531	1.47
	변경안	16단~47단		80	30	53.5	193	103	604	1,486	1.54

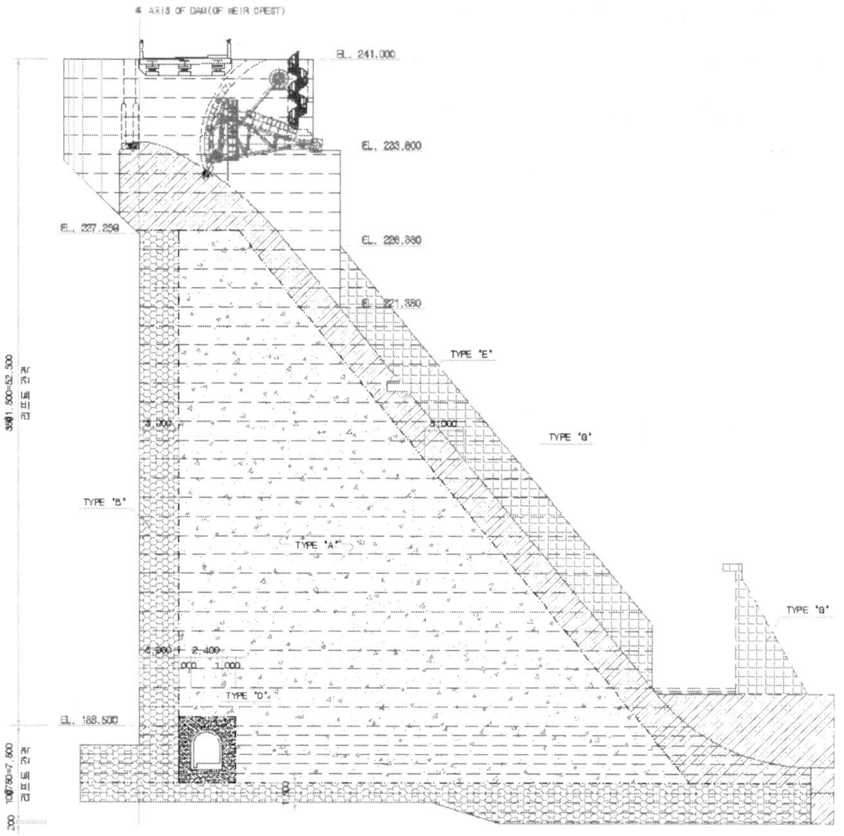

그림 5.10 **○○댐의 형상 및 분할타설 구간**

그림 5.11은 ○○댐의 콘크리트 타설 장면으로, 현장 내에 설치된 배치 플랜트로부터 덤프 트럭을 이용하여 콘크리트 배합을 현장으로 운반하여 소정의 타설 위치에 배출한 후, 백호(backhoe)로 콘크리트를 분산시키고 유압브레이커 및 인력 진동 다짐기로 다짐을 실시하는 장면을 보여주고 있다.

(a) 전경 (b) 콘크리트 운반 및 포설 (c) 콘크리트의 다짐

그림 5.11 **○○댐의 매스 콘크리트 타설**

5.7.2 ○○수리조선소

그림 5.12는 중동지역에 건설된 ○○수리조선소의 전경 및 주요구조물인 드라이 독을 보여주고 있다. 이는 최대 두께 3.5m의 중력식 드라이 독으로써 전형적인 매스 콘크리트 구조물이다. 배합표는 표 5.4와 같으며 영국 BS(British Standard)의 내구성 설계기준에 의거하여 물보라지역(비말대 및 간만대) 노출에 대해 50년의 내구수명을 확보하도록 설계되었다. 설계기준압축강도는 40MPa이나 이는 BS 기준의 입방체 공시체를 기준한 것으로서 국내에서 사용되는 원주형 공시체의 경우 32MPa 정도에 해당된다. 매스 콘크리트의 수화열 저감을 위해 시멘트양은 최소화하였으며 플라이애쉬는 해당 공사시방서가 허용하고 있는 최대량인 시멘트양 대비 35%를 치환하였다. 이 구조물이 건설된 중동국가의 경우 골재 수급 상황상 석회암이 굵은골재로 사용되었으며, 이는 국내에서 일반적으로 화강암이 사용되는 것과 대비된다. 매스 콘크리트임을 고려하여 굵은골재 최대 직경은 40mm를 적용하였다. 슬럼프는 BS의 S3 등급으로 100~150mm이다.

(a) 전경

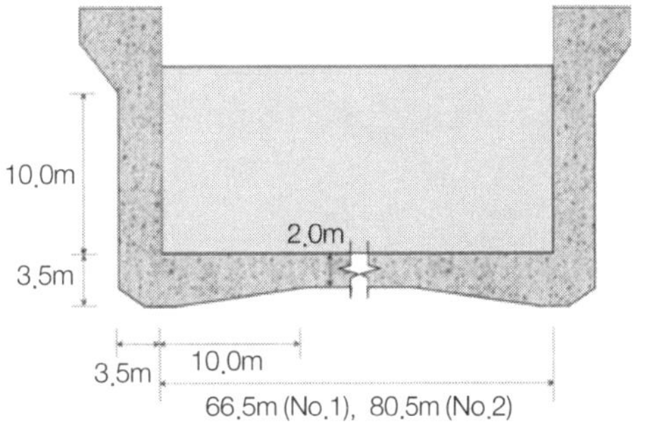

(b) 드라이 독 단면

그림 5.12 ○○수리조선소

표 5.4 ○○수리조선소 드라이 독의 콘크리트 배합표 (단위 : kg/m³)

설계기준압축강도 (입방체/원주) (MPa)	굵은골재 최대 크기 (mm)	슬럼프 (mm)	물-결합재비 (%)	시멘트	플라이 애쉬	실리카 퓸	물	잔골재	굵은 골재	혼화제
40/32	40	100~150	39.5	228	133	19	145	756	1126	4.0

타설은 현장 내에 설치된 배치 플랜트에서 레미콘 트럭에 콘크리트를 받아 단거리를 운반한 후 펌프카를 이용하여 타설하는 방식을 취하였다. 슬래브는 평면상으로 12×10m 구간으로 분할타설하였고 높이방향으로는 분할하지 않았다. 벽체는 종방향으로 10m 길이로 분할하였으며, 높이방향으로는 수화열 해석결과 분할타설할 때 외부구속에 의한 온도균열 발생 가능성이 큰 것으로 예상되어 10m 높이의 벽체를 한 번에 타설하여 구속효과를 최소화하였다.

벽체 두께가 3.5m이므로 벽체 높이가 대략 벽체 두께보다 커지면 중심부 온도는 더 이상 상승하지 않는 반면, 블록의 길이와 높이의 형상비에 의해 외부구속 효과는 줄어들게 되므로 온도균열 제어상 유리함을 고려한 것이다[3),6)]. 벽체 높이가 높아졌으므로 타설작업할 때 거푸집 측압 증가에 대비한 적절한 폼타이 배치 등의 준비가 필요하였다. 또한 소정의 대수의 펌프카를 적재적소에 배치하여 대량 타설되는 콘크리트가 연속적으로 공급될 수 있도록 조치하였다. 다짐에는 일반적인 진동 다짐기를 사용하였고 시공이음부는 그림 5.13과 같이 고압 살수를 실시하여 조치하였다.

그림 5.13 **○○수리조선소의 시공이음부 처리**

5.7.3 ○○빌딩 매트기초

○○빌딩의 매트기초 매스 콘크리트를 타설할 때 적용된 기법은 다음과 같다. 그림 5.14는 매트기초의 형상으로 두께는 2~4m이다. 표 5.5는 적용된 콘크리트 배합을 보여주고 있으며, 굵은골재의 최대 크기를 25mm로 두고 슬럼프 대신 슬럼프 플로로 관리하는 유동성이 큰 배합을 채택하고 있는 것이 특징이다. 수화열 저감을 위해 슬래그 시멘트(슬래그 비율 약 45~50%)와 플라이애쉬를 병용했으므로 3성분계 배합으로 볼 수 있다. 사전에 수화열 해석을 실시한 결과 적절한 양생 방법을 적용하면 일체 타설을 통해서도 온도균열을 어느 정도 제어할 수 있는 것으로 나타났으므로, 사후냉각(파이프쿨링 또는 포스트쿨링; pipe cooling 또는 post-cooling) 기법을 적용하지는 않았다.

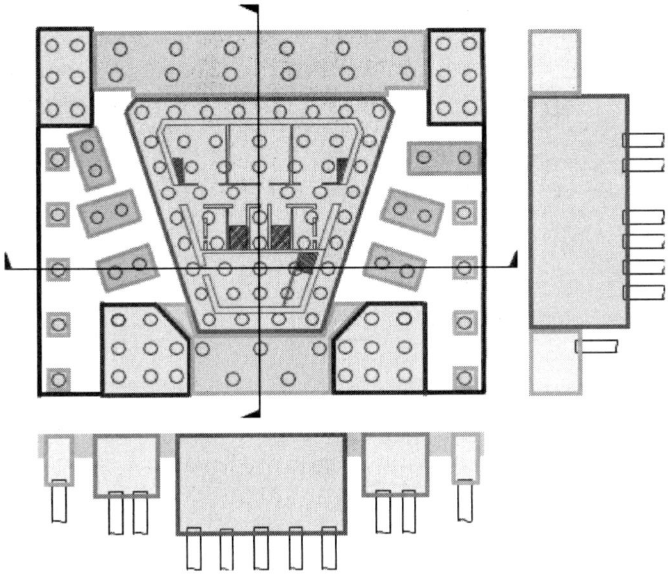

그림 5.14 **○○빌딩 매트기초의 형상**

표 5.5 **○○빌딩 매트기초의 콘크리트 배합표**(단위 : kg/m³)

설계기준 압축강도 (MPa)	굵은골재 최대 크기 (mm)	슬럼프 플로 (mm)	물-결합재비 (%)	시멘트 (슬래그 시멘트)	플라이 애쉬	물	잔골재	굵은골재	혼화제
40	25	550	37.5	331	83	155	790	988	4.14

표 5.6은 매트기초 중심부(두께 4m, 그림 5.15의 점선부분) 콘크리트의 타설계획 수립 과정을 정리해서 보여주고 있다. 매스 콘크리트를 타설할 때에는 이처럼 사전에 타설계획을 면밀히 수립하여 콜드조인트가 발생하지 않고 콘크리트가 연속적으로 공급될 수 있도록 해야 한다. 그림 5.15는 펌프카의 회전반경을 고려하여 4대의 펌프카를 적재적소에 배치한 상황을 보여주고 있고, 그림 5.16은 펌프카 및 레미콘 트럭의 실제 배치현황을 보여주고 있다. 레미콘 수급을 위해 현장의 콘크리트 타설계획을 고려하여 인근의 35분 거리의 레미콘 제조 공장을 선정하였으며, 35분에 여유시간 5분, 그리고 현장 내에서 이동 및 대기시간 4분, 타설작업 시간 6분 등 레미콘 트럭 1대당 총 50분이 소요되는 것으로 계산하여 레미콘 제조 공장의 레미콘 트럭 보유대수와 비교함으로써 연속 타설계획을 검토하였다. 표 5.7은 이 현장에서 실시한 매스 콘크리트 타설과 관련된 시공관리 점검 항목을 보여주고 있다.

표 5.6 ○○빌딩 매트기초 중심부 타설현황

구분	실 적용
타설 장비	펌프카 4대(회전반경 : 52m)
총 타설 물량	4,500m^3
펌프카 1대당 타설 물량	1,125m^3
펌프카 1대당 타설속도(토출량)	60m^3/h
레미콘 트럭 1대당 물량	6m^3
펌프카 1대당 레미콘 트럭 1대 물량 타설 소요시간	6min.
펌프카 1대 및 1시간당 레미콘 트럭 소요대수	10대
총 타설 소요시간	19시간
시간당 타설 두께	210mm

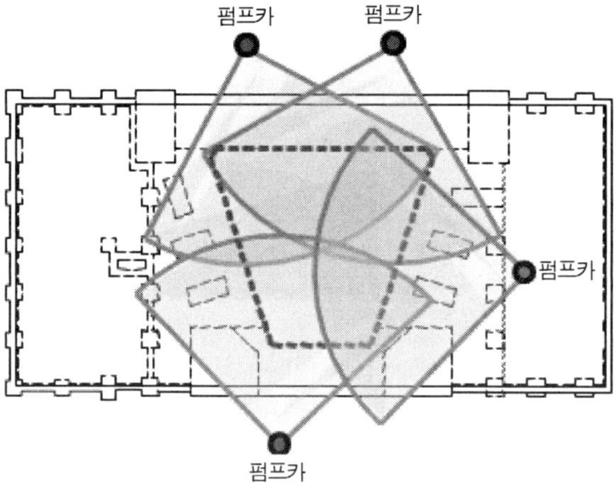

그림 5.15 ○○빌딩 매트기초 중심부 타설을 위한 펌프카 배치

그림 5.16 ○○빌딩 매트기초 중심부의 매스 콘크리트 타설

표 5.7 **콘크리트 타설 관련 시공관리**

점검 시기	점검 항목
콘크리트 타설계획 때	– 시공계획 설명 – 공사시방서의 요점 설명 – 운반, 타설, 양생계획 설명, 시공업자(거푸집, 철근, 콘크리트 타설, 전기, 급배수, 승강기 등)의 책임범위 확인, 콘크리트 배차 방법 확인 – 작업분담 범위의 상호 확인
콘크리트 타설 준비 때	– 기상 및 기온의 측정 및 기록 – 타설 순서, 방법, 구획의 검토 – 타설 절차 준비, 펌프 및 다짐기구 점검 – 관련 공사의 중간검사 : 거푸집 정밀도 및 받침기둥, 배근, 철근 이음부, 전기 배선 박스 및 배관 위치 확인 – 작업반 편성 및 배치 – 야간작업 및 우천 시 대책 수립 – 거푸집 청소
콘크리트 타설 때	– 콘크리트 품질 시험 : 슬럼프, 공기량, 단위용적중량, 온도 등 – 콘크리트 강도관리 : 출하 시 품질검사용 공시체, 구조체 강도 추정용 및 거푸집 받침기둥 제거 시 강도 추정용 공시체 제작 – 배합 및 운반관리 – 타설 및 다짐 방법 관리 : 철근 보호 포함 – 타설 층 이음부 처리 및 표면 마감관리
콘크리트 타설 완료 때	– 타설 완료할 때 점검사항 : 타설 구획, 타설 두께 및 치수 점검, 마감처리 방법, 배관 박스 등 노출물 위치, 표면수, 타설 용적, 바닥 콘크리트의 평탄성, 초기 균열 등의 결함 및 대책 – 타설 완료 후 양생관리 – 타설 완료 후 조치 : 거푸집 및 받침기둥의 안전점검, 표면수 처리, 바닥 마무리 – 공시체의 관리 및 점검
콘크리트 타설 완료 후	– 콘크리트 강도 시험 – 기타 품질 시험 : 슈미트 해머 시험 등 – 시험결과 보고 : 공사 감리자에게 보고 – 계획 외 과잉 적재물에 대한 안전성 검토 – 콘크리트 결함 및 보수 방법 수립 – 거푸집 탈형 후 구조체의 수평 및 수직에 대한 점검 – 공사 보고서 및 시공기록 작성

참/고/문/헌

1) 전세진 · 최명성 · 유재강 · 김용직 · 김영진, "중동지역 매스 및 서중콘크리트 품질 및 시공 관리 적용 사례", 콘크리트학회지, Vol.20, No.6, 2008, pp.51-57.
2) 한국콘크리트학회, 콘크리트표준시방서 해설, 기문당, 2009.
3) 한국콘크리트학회, 매스콘크리트 온도균열 제어, 콘크리트 실무 매뉴얼 KCI PM204.1-10, 2010a.
4) 한국콘크리트학회, 콘크리트 양생, 콘크리트 실무 매뉴얼 KCI PM303.1-10, 2010b.
5) ACI Committee 207, ACI 207.1R-05 : Guide to Mass Concrete, American Concrete Institute, 2005.
6) ACI Committee 207, ACI 207.2R-95 : Effect of Restraint, Volume Change, and Reinforcement on Cracking of Mass Concrete(Reapproved 2002), American Concrete Institute, 2002.
7) ACI Committee 304, ACI 304R-00 : Guide for Measuring, Mixing, Transporting, and Placing Concrete, American Concrete Institute, 2000.
8) ACI Committee 304, ACI 304.2R-96 : Placing Concrete by Pumping Methods, American Concrete Institute, 1996.
9) ACI Committee 304, ACI 304.4R-95 : Placing Concrete with Belt Conveyors, American Concrete Institute, 1995.
10) ACI Committee 308, ACI 308R-01 : Guide to Curing Concrete, American Concrete Institute, 2001.
11) ACI Committee 309, ACI 309R-05 : Guide for Consolidation of Concrete, American Concrete Institute, 2005.

제 6 장 시멘트 콘크리트 포장 시공

6.1 개요

6.1.1 콘크리트 포장의 정의

국내 콘크리트 포장은 자동차용 도로와 공항의 활주로 포장 형식의 하나로 많이 사용되고 있다. 일반적인 도로 포장에서 분류되는 콘크리트 포장은 강성 포장(rigid pavement)으로 아스팔트 등의 재료로 건설되는 연성 포장(flexible pavement)(그림 6.1 참조) 등과 구분된다.

강성 포장인 콘크리트 포장의 상부 포장슬래브는 자연 노상 위에 다짐 노상을 설치하고, 다시 그 상부에 다짐 쇄석으로 이루어진 보조기층 위에 시공된다. 그리고 일반적으로 중차량과 상당한 수준의 교통량을 고려하는 경우에는 다짐 쇄석 기층 위에 린 콘크리트 층(또한 안정처리기층 등을)을 설치한다(그림 6.2 참조). 콘크리트 포장은 이러한 모든 층을 동시에 고려하여 일컬어지지만, 좁은 의미로는 상부 표층인 콘크리트 슬래브만을 일컫기도 한다. 여기에서는 주로 상부 표층인 콘크리트 슬래브의 시공과 관련한 사항을 중심으로 기술하기로 한다.

콘크리트 포장의 재료 및 시공의 특징은 다음의 그림 6.1(왼쪽)과 같이 최근에는 대부분의 시공이 이동식 거푸집에 의해 기계 타설이 이루어진다는 점이다. 도로 및 공항 포장을 위한 콘크리트는 일반 구조물과 교량 등의 콘크리트에 비해 직접적으로 타이어 윤하중을 받으며 환경하중에 직접 노출되는 특징이 있다. 이런 특징적인 점들이 시공과정의 특수성을 발생시키므로 적정한 시공이 이루어지기 위해서는 이에 대한 충분한 이해가 필요하다.

그림 6.1 **콘크리트 포장의 시공 전경**

6.1.2 콘크리트 포장의 종류

콘크리트 포장에서 하부층은 표층에 시공되는 종류와 상관없이 하부 지지층으로서 큰 차이가 없다. 다음 그림 6.2와 그림 6.3과 같이 상부 표층인 콘크리트 슬래브의 형식에 따라 구분되는 것이 일반적인 분류이다. 즉, 표층 콘크리트 슬래브에 줄눈의 설치 유무와 배근형식에 따라 종류를 구분한다. 줄눈무근 콘크리트 포장(JPCP 또는 JCP, jointed portland cement concrete pavement), 줄눈철근 콘크리트 포장(JRCP, jointed reinforced cement concrete pavement), 연속철근 콘크리트 포장(CRCP, continuously reinforced cement concrete pavement), 프리스트레스트 콘크리트 포장(prestressed cement concrete pavement), 프리캐스트 콘크리트 포장(precast cement concrete pavement) 등의 종류가 있다. 그리고 일반적인 콘크리트 타설 방법과는 다르게 전압식 콘크리트 타설로 시공이 이루어지는 롤러 전압 콘크리트 포장(RCCP, roller compacted cement concrete pavement)이 있다. 전압식 콘크리트의 시공은 표층 포장슬래브의 하부 지지층으로 많이 시공이 되는 린 콘크리트 층을 타설하는 방식이기도 하다.

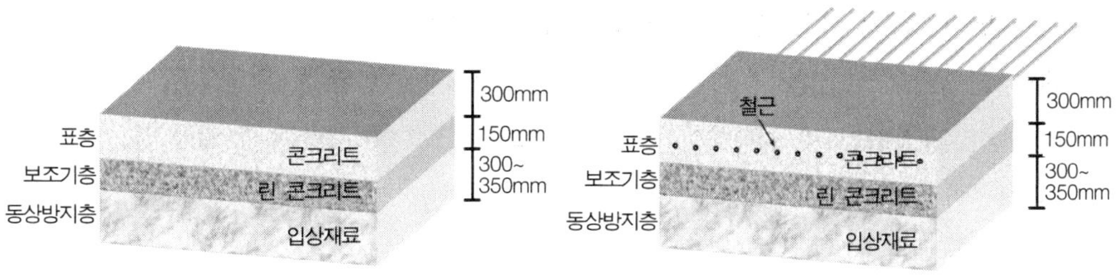

그림 6.2 **콘크리트 포장 단면 구성 사례**

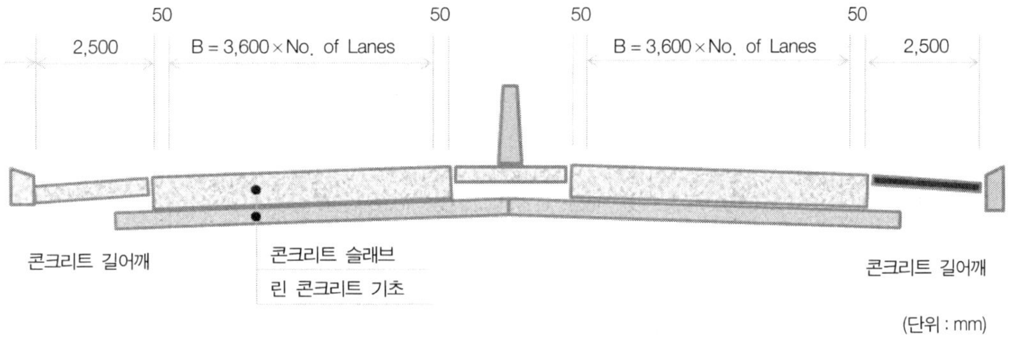

그림 6.3 **콘크리트 포장 도로의 대표적인 횡단면**

6.2 콘크리트 배합

6.2.1 배합요건

포장 콘크리트의 배합에서 요구되는 사항은 다른 콘크리트와 같이 작업성, 강도 및 내구성이다. 작업성은 대부분의 콘크리트 포장이 약 0.6~1.2m/m의 속도로 진행되는 이동식 거푸집에 의한 기계 타설(slip-form paving)이므로, 이에 적합한 작업성을 요구한다. 그리고 거푸집이 이동한 이후에도 단부의 처짐이 발생하지 않고 콘크리트가 슬래브 형태를 유지해야 한다. 따라서 포장 콘크리트의 배합은 낮은 슬럼프의 콘크리트(60mm 이하)를 가지도록 하는데, 장비의 성능과 시공속도 등에 따라 이를 결정한다. 골재의 입도 및 함량과 시멘트 페이스트 함량 비율이 최적이 되어 재료분리가 발생하지 않으면서 앞서의 조건을 만족하도록 배합이 결정된다.

시멘트 콘크리트 포장의 주요한 품질조건인 강도는 수명기간 동안의 반복적인 차륜하중에 대한 직접적인 표면저항과 하중에 대한 구조적인 저항을 확보하는 요건이다. 포장 설계법이 차량하중으로 발생한 휨응력에 의한 누적 손상에 대한 저항을 중심으로 이루어져 있어 휨강도를 기준으로 설정하고 있다. 경우에 따라서는 압축강도를 기준강도로 사용하기도 한다. 강도 이외에도 골재의 마모저항성을 별도로 규정하고 있는데, 이는 표면의 마모 저항성을 확보하기 위한 것으로서 포장 표면의 차륜하중에 대한 저항성을 확보하기 위함이다. 그러나 표면 경도를 별도의 품질 기준으로 규정하고 있지는 않다.

내구성은 포장 콘크리트가 직접적으로 환경에 노출되는 조건에 놓여 있으므로 반드시 갖춰야 할 요건이다. 시공면적이 상대적으로 넓어 별도의 양생 방법을 적용하는 데에 많은 어려움이 있으며 양생과정 중에 온도 및 습도를 제어하기에 쉽지 않다. 따라서 추가 파손으로 인한 장기 내구성을 저하시키는 요인의 하나인 건조수축의 발생이 최소화될 수 있는 배합이 선정되어야 하고, 양생제를 이용한 양생관리에 주의를 기울여야 한다. 이러한 점이 슬럼프를 작게 하고, 비교적 큰 크기의 굵은골재를 사용하는 이유 중 하나이다. 시간의 경과에 따라서도 건전성을 유지할 수 있도록 동결융해 저항성, 알칼리골재반응 저항성, 황산염해 저항성, 표면박리 저항성 등이 확보되어야 한다. 포장슬래브의 경우에는 공용 중에 상대적으로 가혹한 동결융해조건, 제설제 환경, 반복적인 습윤과 건조 등이 지속적으로 작용된다. 콘크리트의 배합에 이러한 조건들을 충분히 고려하여 설계가 이루어져야 한다.

6.2.2 설계 고려사항

1) 작업성

작업성은 콘크리트 포장의 포설에 있어서 매우 중요한 요인의 하나로서, 단순히 작업의 편이성과의 관련뿐만 아니라 포설되는 콘크리트의 품질과도 밀접한 관련이 있다. 포장 콘크리트의 포설은 자동화된 포설 장비에 의해 콘크리트의 성형, 다짐, 마무리 등의 일련 작업이 종합적인 장비에 의해 한 번에 이루어진다. 따라서 경험과 지식을 가진 기술자의 판단이 개입될 수 있는 기회가 줄어들고 있으며 중간과정에서 수정이 이루어지기 어려운 작업환경을 가진다.

콘크리트의 작업성은 운반과정에서 재료분리 방지, 밀실한 재료를 생성하는 다짐작업의 용이성, 모서리부의 처짐을 발생시키지 않는 성형성, 최소한의 인력 마무리, 과도한 표면 모르타르 생성 억제, 평탄성 확보 등과 관련이 있다. 예를 들어, 지나치게 유동성이 적은 콘크리트를 하절기에 타설하는 경우에는 다짐을 충분히 줄 수 없어 밀실한 콘크리트의 타설이 어려워진다. 그리고 표면의 성상 유지와 평탄성 확보를 위해 상부에 집중적인 과도한 다짐이 이루어진 경우에는 표면 모르타르의 생성이 많아져서 제설환경에서 표면의 박리와 같은 파손이 발생하기도 한다.

슬럼프 시험만으로 검토되는 작업성 품질에 대한 검토는 많은 한계가 있으므로, 배합설계 단계부터 충분히 고려한 경험이 풍부한 기술자에 의해 수행되어야 한다. 포설 장비에 부합되는 배합설계와 생산이 필요하고, 골재의 함량, 시멘트계 바인더의 함량 등이 일반적인 배합설계에서의 고려사항과 더불어 검토되어야 한다. 물-시멘트비, 단위수량, 혼화재 및 혼화제 등의 사용도 시공 특성을 고려하여 검토되어야 한다. 다음 그림 6.4는 기계포설과 인력포설의 가능한 작업성을 수치화하여 기준을 제시한 사례를 나타내고 있다. 여기서는 작업성을 작업성지수(workability factor)와 골재지수(coarseness factor)로 지수화하여 표현하였다[19].

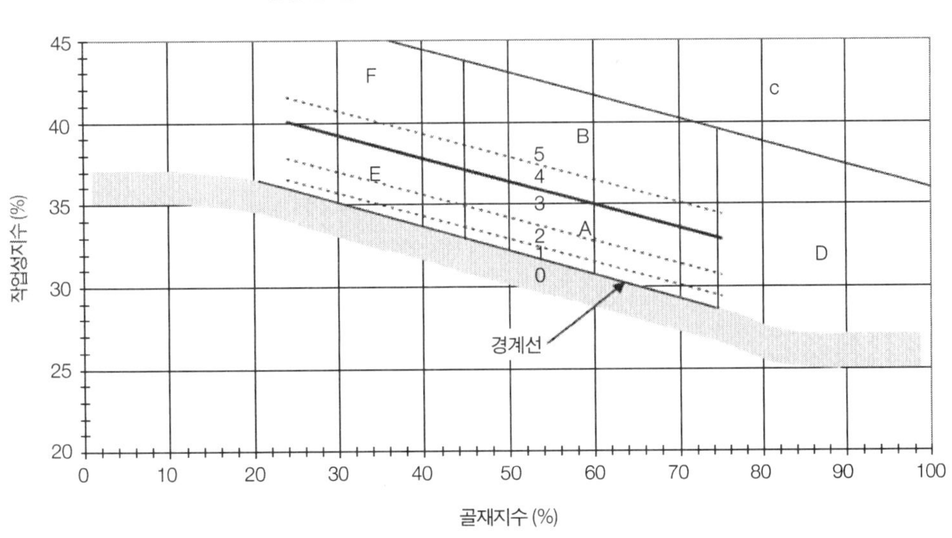

그림 6.4 **골재의 입도 성분에 따른 기계 또는 인력포설 적합 배합 판정기준 사례**

2) 강도

포장 콘크리트의 강도는 포장 시스템의 설계에서 요구하는 역학적 특성을 만족하기 위한 품질 기준이다. 앞 절에서 기술한 바와 같이 포장 콘크리트의 설계가 휨강도와 압축강도를 기준으로 이루어지기 때문에 요구되는 강도기준을 만족해야 한다. 일반적으로 휨강도는 4.5MPa, 압축강도는 설계에 따라 다소 차이가 있지만 약 30MPa 등의 기준이 설계기준으로 채택되고 있다. 경우에 따라서는 표준 재령인 28일 이외에 기준 재령으로 7, 14, 90일 등이 사용될 수 있어, 각 설계에서 요구되는 재령일수의 강도 기준을 만족해야 한다[1)].

품질에 대한 지불 규정을 사용하는 경우에는 강도의 변동성이 지불 규정의 변수가 되어 콘크리트를 생산할 때 각 배치 간의 강도편차가 크고 일정 수준 이하의 평균 강도를 나타내는 경우에는 공사금액이 감해지기도 한다.

3) 내구성

내구성 파손원인의 하나인 알칼리골재반응에 대한 저항성 확보를 위하여 골재의 반응성에 대한 검사 시험을 실시하여 사용 여부를 결정한다. 국내에서 발생한 사례를 보면 포장 콘크리트의 알칼리골재반응은 일정 시점 이후에 급격히 전면적으로 진행되어 많은 유지관리비용이 소요된다. 따라서 골재의 반응성에 대한 검사 시험은 반드시 사용 전에 이루어져야 한다.

우리나라 현장에서는 ASTM C 1260에서 규정하는 시험법 또는 이와 유사한 시험법을 주로 사용하고 있으며, ASTM C 1293은 앞서의 방법을 검증하기 위한 방법으로 사용하고 있다. 사용하려는 골재가 반응성 골재로 판명이 난 경우에는 반응 저감을 위한 방안을 설계시점에 고려해야 하는데, 일반적으로는 미반응성 골재로의 대체나 콘크리트의 알칼리양을 제한하기 위한 저알칼리 시멘트(low-alkali cement)의 사용, 플라이애쉬의 사용, 슬래그의 사용 등과 같은 방법이 사용된다.

도로 포장에서 동결융해 작용은 제설제의 사용에 의해 더욱 심화되어 나타난다. 따라서 포장 콘크리트의 동결융해 저항성을 확보하는 것이 반드시 필요하다. 이를 위하여 물-시멘트비와 단위수량의 관리, 그리고 공기연행제의 사용을 통한 약 5~7%의 공기량 확보, 공기간극계수 0.20mm 이하 등과 같은 시방기준을 규정하고 있다. 공기량과 공기간극계수는 개별적으로 또는 동시에 만족하도록 규정하고 있는데, 공기간극계수의 규정은 직경이 약 0.1mm 이하의 공기 기포가 동결융해 저항에 기여하는 것으로 보고되고 있어, 이를 확보하기 위한 품질 기준이다[2)].

6.2.3 혼화재

국내에서는 포장 콘크리트에 플라이애쉬, 고로슬래그 등의 혼화재가 다른 분야에 비해 비교적 늦게 사용되었다. 혼화재의 사용은 장기강도의 발현과 내구성 증진이라는 장점뿐 아니라 이동 거푸집 공법에서 성형성과 줄눈 설치시기의 결정에 영향을 준다. 그러나 알칼리골재반응이 심각한 내구성 결함의 원인으로 밝혀지면서 혼화재료의 사용이 적극적으로 검토 및 도입되었다. 혼화재료의 시멘트 치환은 콘크리트의 총알칼리 함량을 낮춰 알칼리골재반응에 대한 저항을 높이는 장점이 있기 때문이다.

플라이애쉬의 사용으로 초기강도발현이 늦어지는 경향이 있어, 포장 콘크리트에서 장비의 운용과 줄눈 절단시기 등에 대해 검토가 이루어져야 한다. 특히 대기온도가 낮은 경우에는 전날 시공된 콘크리트의 강도발현이 충분히 이루어지지 않아 연속적인 시공에 어려움을 겪기도 한다.

슬래그를 혼입하여 사용하는 경우에는 표면의 박리 저항성이 감소한다는 보고가 있으므로 주의를 기울여야 한다. 그리고 알칼리골재반응 저감 목적으로 슬래그를 혼입할 경우, 사용량이 많으면 물성 변화를 크게 일으키므로 주의한다.

실리카 퓸을 사용하는 경우에는 충분한 분산이 이루어지도록 검토가 필요한데, 이를 만족시키지 못하는 경우에는 불균질한 강도발현이 이루어져 오히려 결함요인이 되기도 한다.

6.2.4 혼화제

포장 콘크리트의 생산에 사용되는 화학적 혼화제는 주로 유동화제와 공기연행제이다. 유동화제는 낮은 물-시멘트비에서 작업성을 개선시키고 공기연행제는 동결융해 저항성을 확보하기 위한 연행 공기량을 높이기 위해 사용한다.

콘크리트 생산 시설과 포설 장소의 거리 및 운반여건을 고려하여 포설 현장에서 콘크리트가 목표 작업성과 목표 공기 간극 특성을 확보하고 있는지를 검토하여 혼화제의 사용량을 결정해야 한다.

공기연행제의 사용은 목표 공기량이 최종 포설된 콘크리트에 대한 품질 기준임을 인식할 필요가 있으며, 콘크리트의 이동, 다짐 포설 등으로 인해 공기량이 감소한다는 점을 고려해야 한다. 통상적으로 애지테이터가 아닌 트럭에 의해 이동되는 포장 콘크리트는 이동에 의해 공기량이 약 1% 감소하고, 포설 장비의 다짐 작용에 의해 약 1% 정도 감소되는 것으로 알려져 있다. 통상적인 조건에 비해 운반거리가 멀고 포설 장비의 다짐 에너지가 큰 경우에는 그 이상의 감소가 발생할 수도 있으므로 이에 대한 사전검토가 필요하다.

6.3 콘크리트 포설, 마무리 및 양생

6.3.1 작업 전 준비

포장 콘크리트의 포설 전에 공정, 생산시설, 운반 장비, 포설 장비, 사용 자재에 대한 문제점 발생 여부를 확인해야 한다. 그리고 본 포설 전에 반드시 시험 포설을 실시하여 공정 전반에 대한 사전검토가 이루어져야 한다. 작업 전의 주요 검토사항을 몇 가지 기술하면 다음과 같다.

(a) 포설에 필요한 모든 장비가 가동 가능한 상태인가? (그레이더, 페이버, 양생제 살포기, 타이닝 장비, 사이드 피더 등)
(b) 포설 장소에 장비 운용에 문제점은 없는가? (구배 및 기층면의 상태, 장비 트랙의 진행에 방해물 존재 여부 등)
(c) 사용 재료에 대한 적합성 판정을 위한 시험결과는 적정한가?
(d) 장비 진행에 소요되는 인력의 숫자와 인력 마무리 장비는 충분한가?
(e) 포설 장소와 플랜트 간의 연락 및 의견조정 방법과 최종 의사결정 방법이 정해졌는가?
(f) 유도선 설치는 적정한가? (선형, 지주 설치간격, 장력 등)

(g) 급작스런 강우 등과 같은 일기변화에 대한 대책은 준비되어 있는가?

(h) 사용되는 시멘트, 골재, 혼화재료의 준비 상태와 양은 적정한가? (소요량, 골재 습윤상태, 균질성 등)

(i) 생산을 위한 플랜트의 가동에 문제는 없는가?

(j) 분리막, 타이바, 다월바, 양생제 등이 충분한가?

1) 유도선 설치

포장 콘크리트 포설 전에 장비의 센서를 유도하기 위한 유도선을 설치하여 선형과 적정 두께의 포장이 시공되도록 한다. 유도선 설치를 위한 지주는 적정 간격으로 배치되어야 하는데, 간격이 너무 멀 경우에는 유도선의 처짐 등에 의해 포장면이 평탄하지 못하게 되므로 주의해야 한다. 그리고 측면으로 장비 트랙의 진행을 방해하거나 접촉되지 않아야 하며, 포설 장비의 센서 위치를 고려해야 한다. 유도선은 양 끝단에서 팽팽하게 잡아당겨 처짐이 허용범위 이내에 들어야 하며, 각 지주의 날개에 결속선으로 고정되어야 한다. 측량에 의해 설치된 유도선의 선형과 처짐 여부는 최종적으로 육안으로 검측한다.

2) 분리막 설치

줄눈무근 콘크리트 포장, 줄눈철근 콘크리트 포장, 프리스트레스트 콘크리트 포장 등의 공법은 포장슬래브의 바닥면에서 마찰을 최소화할 목적으로 비닐 분리막을 설치한다. 이는 마찰을 최소화하여 콘크리트 슬래브의 수축 팽창을 원활히 함으로써 의도한 대로 슬래브의 균열이 유도줄눈에서 발생하도록 하기 위한 것이다. 또한 프리스트레스트 콘크리트 포장에서는 프리스트레싱에 의한 긴장력이 마찰에 의해 소실되지 않고 콘크리트 슬래브에 전달되도록 한다. 그러나 연속철근 콘크리트 포장에서는 일정 수준 이상의 마찰이 발생하여 작은 폭을 가지는 균열의 균일한 분포가 공용성에 유리하므로, 마찰을 현저히 감소시키는 분리막을 설치하지 않고 아스팔트 등의 분리층을 설치하는 것이 일반적이다.

분리막은 마찰 저항의 감소 외에도 부가적으로 포장 표층으로 유입된 물이 하부층으로 유입되지 않도록 하는 차단기능과 반대로 하부층의 물과 수분이 상부로 유출되지 못하도록 하는 역할도 수행한다. 그리고 포설된 콘크리트로부터 하부 접착층이 수분을 흡수하여 타설된 콘크리트가 밀실하지 못하게 되는 것을 방지하는 기능도 수행한다.

분리막은 바람에 의해 날리지 않도록 콘크리트가 포설되는 하부층 위에 펼치고 건(nail gun)에 의해 린 콘크리트와 같은 하부층에 고정되도록 한다. 또한 분리막이 콘크리트 운반차량인 덤프 트럭의 타이어에 의해 찢어지지 않도록 주의하며, 분리막의 종단이음은 피하고 횡방향으로 이음이 발생하는 경우에는 약 300mm 이상이 겹쳐지도록 겹침이음을 둔다. 포설되는 하부층의 표면이 불규칙하거나 평탄성이 양호하지 못한 경우에는 분리막을 이중으로 깔아 구속을 최소화하도록 한다.

3) 다월 철근 설치

다월 철근의 간격은 주행차로용과 추월차로용이 다르므로 이를 구분하여 설치한다. 도로주행방향에 수축줄눈의 간격으로 설치 위치를 미리 표시하고 그림 6.5와 같은 위치에 다월 철근 조립기구를 안치하며 건으로 하부층에 고정한다.

설치되는 다월 철근은 콘크리트의 수축팽창을 방해하지 않도록 다월 철근 체어에 한쪽 끝만이 용접으로 고정되어 있고 다른 한쪽은 고정되지 않게 한다. 따라서 도로 종방향에 평행(도로 포장슬래브 중심선에 평행)으로 다월 철근이 설치되어야 하는 것이 원칙이다. 제조된 다월 철근 어셈블리의 운반 및 보관(겹쳐 쌓기 등)에 주의를 기울이지 않은 경우에는 변형이 발생하여 이러한 목적을 달성할 수 없다. 과거에는 다월 철근 체어의 강봉 직경이 현재보다 굵어 변형의 가능성이 적었으나, 현재는 상대적으로 작은 직경의 체어 강봉(또는 이형철근)을 사용하므로 이에 특히 주의해야 한다.

다월 철근의 선형이 불량하거나 앞서 기술한 바와 같이 변형이 발생한 경우에는 오히려 다월 철근을 설치하지 않는 것보다 못한 결과가 도출된다. 이것은 콘크리트 포장슬래브의 수축팽창을 흡수해야 할 수축줄눈에서 구속력이 발생하여 균열 등의 파손을 유발하는 직접적인 요인이 되기 때문이다. 이러한 이유로 인해 다월 철근의 효용성에 대한 논란이 있으나, 하중전달과 같은 다월 철근 본래의 주요한 기능 측면에서 이를 삭제하여 콘크리트 포장 시공을 하는 것은 나름의 취약성으로 인해 권장되지 않고 있다.

다월 철근을 하부층에 고정한 이후에는 다월 철근 어셈블리 고정용 철근을 반드시 제거해야 한다. 콘크리트와의 분리 및 미끄러짐을 확보하기 위해 다월 철근에 미리 녹막이 페인트가 도포되어야 한다. 다월 철근은 도포된 녹막이 페인트 부위가 서로 교차되도록 설치하는 것이 원칙이나, 한쪽 방향으로 일정하게 설치하는 것도 문제는 없다. 즉 시공줄눈에 설치되는 다월 철근은 한쪽 방향으로 일정하게 녹막이 페인트 부분이 위치하도록 하여도 된다.

그림 6.5 **다월 철근 설치 전경**

4) 타이바 설치

타이바는 도로의 종방향으로 설치되는 세로수축줄눈(종방향 줄눈)에서 인접한 포장 콘크리트 슬래브의 연속성을 유지하기 위한 목적으로 설치된다. 차로별로 포설이 이루어지는 경우와 확장공사에서 이미 포설된 포장슬래브의 인접 슬래브에 추가적인 포설이 이루어지는 경우, 그리고 콘크리트 길어깨를 설치하는 경우에 필요하다. 동시에 2차로 이상이 포설되는 경우에는 포설 장비에 의해 세로줄눈 위치에 자동으로 타이바가 삽입된다.

타이바의 설계는 온도변화로 인한 포장 콘크리트 슬래브의 변형에 타이바가 항복응력 이하에서 이를 저항하도록 간격과 길이 및 직경을 결정하는 절차이다. 따라서 설계도서에 표시된 충분한 길이가 콘크리트 내부에 삽입되어야 하며, 타이바에 응력이 충분히 전달되도록 정착되어야 한다. 이러한 조건이 충족되도록 시공이 이루어지지 않은 경우에는 줄눈부의 과대한 벌어짐과 이를 통한 이물질과 우수 및 제설제의 침투로 2차 파손이 발생하는 원인을 제공한다.

6.3.2 콘크리트의 생산

포장 콘크리트 슬래브는 부피에 비해 표면적이 넓고 주위의 온도 및 습도조건에 바로 노출되는 특징이 있어 별도의 양생 방법을 적용하기 어려우며 양생과정에서 균열이 발생하기 쉽다. 이러한 균열을 발생시키지 않기 위해서는 재료의 균질한 생산이 매우 중요한 사항이어서 보다 엄밀한 재료관리가 필수적이다.

포장 콘크리트 슬래브에 사용되는 시멘트는 1종 시멘트, 2종 또는 3종 시멘트가 사용될 수 있다. 이때 균질한 시멘트의 사용이 필요하며, 가능한 한 같은 공장에서 생산되는 콘크리트를 포설하도록 한다. 콘크리트 포장의 포설은 연속작업으로 이루어져 상당한 양의 콘크리트가 일정한 속도로 공급되어야 하는데, 이때 부득이 하게 두 개 이상의 공장을 사용하는 경우에는 같은 제품의 시멘트, 같은 골재를 사용하도록 하는 것이 좋다.

굵은골재와 잔골재의 경우에도 균질한 함수비가 유지되도록 하는 것이 매우 중요하다. 대부분이 현장 공장을 이용하는데, 골재 야적과 보관이 가능한 용량에 한계가 있어 균질한 콘크리트 생산이 어려운 경우가 있다. 보통 2일 이상의 포설물량을 미리 확보하고 보관시설에 배수처리 등을 사전에 검토하여 동일한 골재가 균질한 함수비를 가진 상태에서 콘크리트 생산이 가능하도록 해야 한다. 다음 그림 6.6은 균질하지 못한 콘크리트의 생산으로 현장에서 작업자가 임의적으로 가수(加水)하는 전경을 보여주고 있다.

굵은골재의 최대 크기가 보통 32mm 또는 40mm로 일반적인 콘크리트에 비해 큰 경우가 많은데, 이러한 골재 입도는 콘크리트를 생산할 때 두 가지 입도를 합성(32mm 또는 40mm 골재와 20mm 골재)하여 입도기준을 만족하도록 하는 것이 유리하다. 사용되는 골재는 흡수율이 크지 않아야 하며, 시방서 기준에 부합하도록 충분한 마모 저항성을 가져야 한다. 그리고 잔골재의 조립률은 시방기준 범위에서 큰 쪽이 매우 유리하며 이물질 및 점토분이 기준 이상으로 함유되지

그림 6.6 **작업성 불량으로 현장 가수의 전경**

않아야 한다. 이는 이동식 거푸집 공법에서 콘크리트 자립성, 개방 후 타이어 등과의 마찰 및 마모에 대한 저항, 양생 중의 건조수축 측면에서 유리하기 때문이다. 이런 점을 간과하는 경우에는 일반 콘크리트 시설물에서 문제가 되지 않던 조건이라도 콘크리트 포장에서는 조기파손과 하자 등의 문제를 야기할 수 있다.

일반적으로 포장용 콘크리트는 슬럼프가 낮은 된배합인 경우가 많아 충분한 믹싱을 수행하는 것이 필요하다. 강제식 믹서인 경우에는 1분 이상의 믹싱을 기준으로 하며, 현장 포설 기준의 슬럼프 및 공기량 관리가 이루어지도록 콘크리트를 생산해야 한다.

6.3.3 콘크리트의 운반

통상적으로 포장 콘크리트의 운반은 다음 그림 6.7과 같이 덤프 트럭을 이용하는데, 일반 콘크리트에 비해 포장 콘크리트의 슬럼프가 매우 낮아 애지테이터(agitator)의 사용이 어렵기 때문이다. 그러나 운반 도중에 재료분리가 발생하지 않는지의 여부와 운반 중에 수분손실이 발생하지 않도록 덤프 적재함의 누수 방지 조치나 차광막 덮개 등이 설치되어 있는지를 확인해야 한다.

플랜트에서 콘크리트 토출부터 포설 및 다짐까지 운반시간은 반드시 1시간 이내로 하며, 포설 장비의 속도를 고려하여 원활한 콘크리트 공급이 이루어지도록 충분한 운반트럭을 확보한다. 중간에 단락이 발생하지 않고 연속적으로 포설 장비를 운용하는 것은 평탄성 확보와 결함 방지를 위해 중요한 사항의 하나로서, 이를 위해서는 운반 재료의 생산과 운반이 원활히 이루어질 때만 가능하다.

그림 6.7 **덤프 트럭에 의한 포장 콘크리트 운반**

6.3.4 콘크리트의 포설

콘크리트의 포설은 덤프 트럭으로 운반된 콘크리트가 포설 장소에 내려지고 나서 스프레더(spreader)와 백호(backhoe)에 의한 펼침, 슬립폼 페이버(paver)의 포설, 거친면 마무리와 양생제 살포 등의 일련 작업으로 이루어진다. 이때 슬립폼 페이버는 자체 스프레딩 장치, 바이브레이팅 장치, 포장면 형성 장치, 타이바 자동삽입 장치, 표면 마무리 장치 등을 포함한다. 또한 장비에 따라서는 다월 철근 자동삽입 장치를 포함하기도 한다. 그림 6.8은 현재 많이 사용되는 페이버의 장치구성을 보여주는 것으로서 앞서 기술한 기능들을 포함하고 있다.

실제 현장에서는 스프레더를 생략하는 경우가 많은데, 이때는 반드시 백호에 의한 콘크리트의 펼침이 만족할 만한 수준에 이르는지를 확인해야 하며, 백호의 운용 중에 다월바를 교란하지 않도록 반드시 숙련된 운전자가 장비를 운용하도록 한다. 그러나 원칙적으로는 스프레더를 포함한 장비 조합을 사용한다. 그리고 철근콘크리트 포장 및 연속철근 콘크리트 포장의 시공이나 현장여건에 의해 측면에서 콘크리트를 공급하는 경우에는 사이드피더를 운용해야 한다.

페이버에 장착된 스프레딩 장치는 스크루 타입과 밀대 타입이 있는데, 보통은 스크루 타입이 추가적인 다짐효과가 있는 장점이 있으며 밀대 타입은 상대적으로 포설속도를 높일 수 있는 장점이 있다.

페이버에 장착된 바이브레이터는 높이 조정과 진동 세기(또는 진동수)의 조정이 가능하게 하고 표면의 모르타르를 과도하게 생성시키지 않도록 해야 한다. 장비에 따라 탬퍼링(tampering) 기능이 있는 것과 없는 것이 있으므로, 장비의 특성을 잘 이해하고 숙련자에 의해 장비를 운용하는 것이 반드시 필요하다. 콘크리트의 표면성상을 형성하는 몰드판은 판의 경사와 높이 조정을 통해 원활한 면의 생성과 높이 조정이 이루어지도록 운용해야 한다.

장비 중간에 배치된 타이바 자동삽입장치는 삽입간격과 속도가 사전에 조정되어 정확한 위치에 타이바를 삽입하고, 삽입한 위치에 공극이나 모르타르층이 형성되는 결함이 생기지 않도록 한다. 자동삽입장치의 위치에 따라 이러한 현상의 발생이 다르게 나타나므로, 사전에 이를 숙지하고 별도의 인원배치 등과 같은 조치를 마련해야 한다.

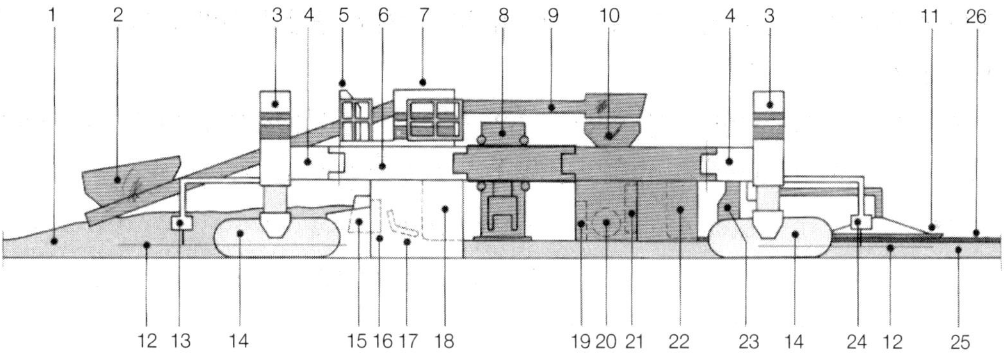

1. 배송된 콘크리트
2. TWO-LAYER용 호퍼
3. 레벨링 실린더
4. 스윙 레그
5. 운전자용 플랫폼
6. 메인 프레임
7. 동력장치
8. 다월바 삽입기(DB)
9. TWO-LAYER용 벨트
10. 상층 콘크리트용 이송 호퍼
11. 슈퍼 스무서
12. 스트링 라인
13. 정면 조정센서
14. 크롤러 트랙 어셈블리
15. 스프레더
16. 콘크리트양 조절 스크리드
17. HF바이브레이터
18. 몰드
19. 정면 스크리드
20. 스프레딩 오거
21. 정면 조절 스크리드
22. 몰드
23. 오실레이팅빔
24. 레벨, 스티어링 센서
25. 완성된 콘크리트 하층
26. 완성된 콘크리트 상층

그림 6.8 **콘크리트 포장 페이버의 장치 구성도 사례**[21)]

페이버는 무거울수록 포장면의 평탄성 확보에 유리하며 작업효율을 높일 수 있다. 그리고 무거울수록 콘크리트에 의한 부압을 저항할 수 있기 때문에 여러 개의 차로를 동시 포설하는 것이 가능하다.

포설 장비인 페이버의 운용은 중간에 멈춤이 없이 연속적으로 진행해야 결함을 발생시키지 않는다. 이를 위해서는 콘크리트를 생산하는 공장, 운반 덤프 트럭의 운용이 원활해야 한다. 항상 페이버 전방에 운반 덤프 트럭이 2대 정도 대기되도록 작업공정을 계획하여 가능한 한 콘크리트 공급의 단락으로 페이버를 세우는 일이 발생하지 않도록 해야 한다. 그런데 부득이하게 페이버를 정지시켜야 할 경우에는 반드시 바이브레이터를 정지시켜야 한다.

공급되는 콘크리트의 성상이 장비에 적합하고 일정한 작업성을 가지도록 생산되는 것이 매우 중요하다. 현장에서 콘크리트의 자립성과 평탄성 문제로 인해 너무 낮은 슬럼프를 강조하는 경우에는 작업성과 표면 거친 마무리를 위해 과도한 표면 다짐이 이루어져 결함을 야기할 수 있으며, 작업자가 현장에서 가수를 하여 품질을 저하시키는 원인을 제공하기도 한다. 콘크리트의 슬럼프가 너무 높은 경우에는 단부 처짐,

표면 골재의 침강 등이 발생할 수 있다. 따라서 수시로 공장과 연락을 취하여 점검과 보정이 가능하도록 한다.

콘크리트 포장의 표면을 형성하는 과정에서 장비에 따라 상부에 밀리거나 깎여진 콘크리트가 형성이 되는데, 이는 중간에서 적절히 분산되어 소진될 수 있도록 이를 담당하는 추가 인원을 배치하는 등의 조치를 취해야 한다. 그렇지 않은 경우에는 과도한 모르타르가 부분적으로 집중되거나 한동안 밀려가서 경화가 진행된 다음에 표면에 포설되어 문제를 일으키기도 한다.

페이버의 양쪽 측면부분은 마무리 장비의 운용범위에서 벗어나 표면이 거칠게 형성되거나 면 마무리가 다소 미흡하게 처리가 되므로, 보통 인력을 배치하여 인력 마무리를 시행한다. 그러나 너무 과도한 인력 마무리는 오히려 표면의 결함을 발생시키므로 작업자에게 이를 숙지하도록 한다. 페이버가 진행되고 난 이후의 콘크리트 표면은 배합에 따라 거칠거나 매끄러울 수 있는데, 최종 평탄성에 문제가 되지 않는 범위 내에서 약간 거친 성상이 오히려 공용성에 유리할 수 있다. 오히려 현장에서 매끄러운 표면을 강조하여 과도한 다짐을 시행한 경우에는 표면박리 등의 결함이 발생한다.

시공 당일 일평균 기온이 4℃ 이하로 내려가는 것이 예상되는 경우와 시공 당일 일평균 기온이 25℃ 이상이 예상되는 경우에는 반드시 한중 콘크리트와 서중 콘크리트 시공계획을 수립해야 한다. 타설할 때 콘크리트의 온도가 10℃ 미만이거나 35℃를 초과할 경우 회피하는 것이 원칙이며, 공사의 시행이 불가피한 경우에는 별도의 조치를 취해 온도조건을 만족하도록 해야 한다. 그리고 한중 콘크리트의 타설에서 가열된 콘크리트의 온도가 40℃를 넘으면 안 된다.

6.3.5 거친면 마무리

콘크리트 포장 노면은 미끄럼 저항 성능을 확보하여 제동거리 등과 같은 안전요인을 만족해야 한다. 노면의 미끄럼 저항은 다음 그림 6.9와 같이 노면조직의 Mega Texture, Macro Texture, Micro Texture에 의해 결정되는데, 거친면 마무리에서 수행되는 작업은 Mega Texture와 Macro Texture를 개선시키는 공정이다.

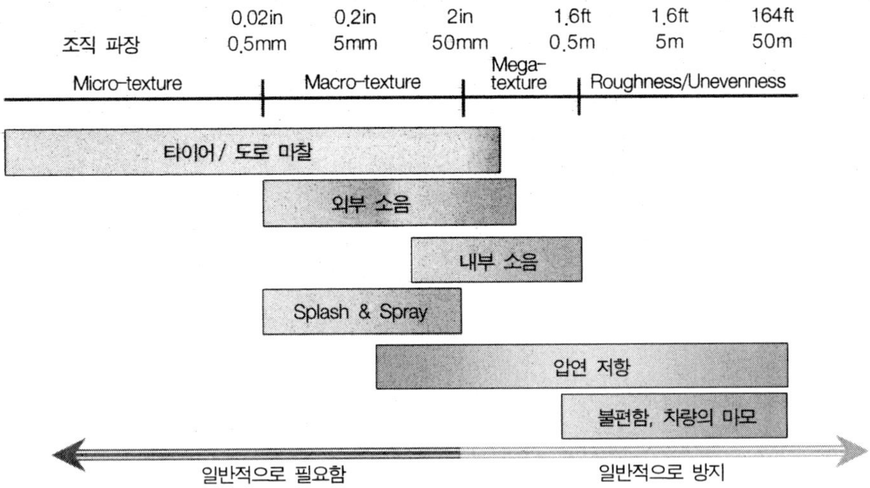

그림 6.9 **콘크리트 포장 노면조직 성상의 구분**[22)]

거친면 마무리의 방법으로는 다음 표 6.1과 같이 타이닝 공법, 그루빙 공법, 다이몬드 그라인딩 공법, 그리고 골재노출 공법 등이 있다. 일반적으로 가장 경제적인 공법인 타이닝 공법이 많이 쓰이고 있으나, 미끄럼 저항 외에도 소음 저감, 평탄성 개선 등의 목적으로 다른 공법들도 많이 적용되고 있다.

표 6.1 **포장 거친면 마무리의 종류**

구분	분류
타이닝 공법 (tining, plastic grooving)	횡방향 타이닝 종방향 타이닝 임의 간격 타이닝
그루빙 공법 (saw-cut grooving)	횡방향 그루빙 종방향 그루빙
다이몬드 그라인딩 공법 (diamond grinding)	다이아몬드 그라인딩
골재노출 공법 (exposed aggregate)	골재노출 표면
인조잔디 끌기 등	인조잔디 끌기 마대 끌기

타이닝은 다음 그림 6.10과 같은 타이닝 장비에 일정 간격의 빗살을 장착하고 유지에 끌어 노면에 거칠기를 주는 공법을 의미한다. 횡방향 타이닝은 횡방향으로 약 3mm의 빗살 깊이와 폭을 약 19~30mm 간격으로 설치하는 것이 보통이며, 종방향 타이닝의 경우에는 깊이와 폭은 같지만 간격을 약 19mm 정도로 종방향 빗살무늬를 설치하는 것이다.

타이닝의 설치에서 유의할 점은 조기 마모에 대한 우려로 지나치게 깊거나 넓게 타이닝을 배치하는 경우 주행성을 저하시킬 수 있으므로 이에 유의해야 한다. 콘크리트가 굳지 않은 상태에서 타이닝이 설치되기 때문에 깊이를 깊게 하는 경우에 자동적으로 폭이 넓어지기 때문에 상호 요소가 연결되어 있음을 고려하여 적정 깊이를 유지하는 것이 필요하다.

타이닝의 도입시기가 너무 빠르면 표면의 골재가 튀어서 면이 거칠게 형성되는 단점이 있고, 또 너무 늦은 경우에는 얕게 시공되는 단점이 있다. 보통 시방서에서는 표면의 물기(water shining)가 사라지는 시점을 타이닝 도입시기로 정의하여 다소 모호한 점이 있고 작업자의 판단에 의존하고 있다. 표면의 블리딩수가 많은 경우에는 블리딩수가 적은 경우에 비해 늦게 타이닝이 도입된다. 표면 블리딩수는 배합과 골재의 특성에 영향을 받으므로 포설 전에 이를 숙지하는 것이 필요하다. 블리딩수가 많아 늦게 타이닝이 도입되는 경우에는 타이닝 자체보다도 타이닝 이후의 양생제 살포가 늦어지고 초기에 건전한 양생이 어려워져 바람이 많은 구간 또는 표면증발이 많은 구간 등에서 균열이 발생하거나 개통 후에 표면박리가 발생하기도 한다. 플라이애쉬 등의 혼화재를 사용하는 경우에는 블리딩수를 많이 저감할 수 있어, 혼화재 자체의 배합적 측면에서의 효과와 더불어 표면 처리과정 중에 이점이 있다. 그리고 블리딩수가 적으면 보다 빠른 시기에 양생제를 살포할 수 있다는 이점과 더불어 살포된 양생제가 표면에서 흐르지 않기 때문에 충분한 양의 양생제 살포가 가능해진다.

종방향 타이닝의 경우에도 원칙적으로는 별도의 타이닝 도입 장비를 운용하여 배합에 따라 다른 타이닝 도입시기를 조절해야 한다. 그러나 현장의 사정에 의해 별도의 장비 투입이 곤란한 경우에는 페이버에 타이닝 기구를 연동 설치하여 시공할 수 있다. 단, 이때 타이닝이 통상적인 도입시기보다 빠르게 적용되므로 이에 대한 충분한 검토를 거쳐 시공에 적합한 콘크리트 상태가 유지되도록 해야 한다.

그루빙은 타이닝과 마찬가지로 표면에 홈을 생성하는 공법으로, 다른 점은 콘크리트가 굳은 다음에 홈이 설치된다는 점이다. 종방향으로 타이닝 또는 그루빙을 설치하는 경우에는 노면의 그루빙 홈이 자동차 타이어의 트레드 홈과 맞물림이 발생할 수 있으므로 규격에 주의한다.

그림 6.10 **타이닝 거친면 마무리 장비 전경**

6.3.6 양생제 살포

포설된 포장 콘크리트는 표면을 통해 콘크리트 내부의 수분이 대기중으로 증발되며, 증발속도는 온도, 습도, 표면의 바람세기 등과 같은 요인에 의해 영향을 받는다. 이러한 표면의 수분증발이 많은 경우에는 포장 콘크리트의 표면에서 과도한 건조수축을 발생시켜 치밀한 콘크리트 내부구조가 생성되지 못한다.

포장 콘크리트는 다른 콘크리트 구조물에 비해 넓은 면적에 시공이 되므로 콘크리트의 습윤상태를 유지하기 위해 양생포 등의 조치를 취하는 데 어려움이 있다. 따라서 포장 콘크리트에서는 충실한 양생이 이루어지도록 보통 표면에 피막 양생제를 살포한다. 피막양생제는 표면의 수분증발을 억제하기 위해 얇은 막을 생성시키는 액상재료로 표면의 온도변화를 적게 하기 위해 백색안료를 혼합할 수도 있다.

양생제 살포 장비에 의해 포장 콘크리트 표면에 양생제를 스프레이 방식으로 균일하게 살포하는데, 살포된 양생제는 흐르거나 한 부분에 고이지 않아야 한다. 양생제의 살포는 표면에 물기가 없어진 이후 초결이 시작되기 이전에 2회 이상 살포되어야 하며, 보통 30분 이전에 양생제 살포가 완료되도록 한다. 이때 양생제의 살포량은 약 0.4~0.5l/m^{2}로 한다. 양생제를 살포할 수 없을 정도로 표면의 블리딩수가 많은 경우에는 콘크리트의 배합을 조정해야 한다. 콘크리트 포장의 표면 증발률(rate of evaporation)이 1.0kg/m^2/hr 이상으로 예측되는 경우에는 별도의 추가적인 양생 방법을 강구해야 하며, 이때 포그 스프레이(fog spraying)나 증발 지연제(evaporation retardant) 등이 사용될 수 있다. 단, 이런 방법의 적용은 표면 블리딩수가 많지 않을 경우에 적용이 가능하므로 블리딩수를 저감하는 배합 조정이 선행되어야 한다.

비가 내릴 때에는 아직 굳지 않은 콘크리트를 비닐시트, 방수지 등으로 보호하여 손상을 방지한다.

6.4 줄눈의 설치 및 교통 개방

6.4.1 수축줄눈

수축줄눈 설치의 목적은 포장 콘크리트의 초기양생 과정에서 발생하는 자기수축 및 건조수축으로 인한 인장균열을 줄눈 위치로 유도하기 위함이다. 그리고 공용 중에 온도 및 습도변화에 의한 포장의 수축과 팽창을 흡수하기 위한 목적으로 그림 6.11과 같이 설치된다. 대부분의 경우 콘크리트는 초기에 유도 균열과 함께 수축이 발생하며, 수축줄눈 위치에서 인접한 콘크리트 슬래브 간에 일정 간격을 가지게 된다. 이러한 줄눈 간격이 공용 중에 수축과 팽창을 흡수하는 간격이 된다.

수축줄눈의 간격은 콘크리트의 강도발현 과정 중에 발생하는 수축과 초기의 건조수축, 콘크리트의 열특성 및 밀도 그리고 하부 마찰에 의한 구속조건, 외기조건 등에 의해 영향을 받고 이와 같은 요소들을 고려하여 결정할 수 있다. 그러나 이를 엄밀하게 고려하는 데 어려움이 있어 경험적인 방법에 많이 의존하는데, 통상적으로 300mm 두께의 콘크리트 포장에서 약 6m 정도의 간격으로 수축줄눈을 설치한다. 두께가 줄어드는 경우에는 줄눈의 간격을 줄이고 두께가 커지는 경우에는 줄눈의 간격을 늘릴 수 있다. 그러나 줄눈 간격은 단지 이러한 줄눈의 기능적 고려만에 의해서 결정되는 것은 아니고, 포장의 공용 중에 콘크리트 포장슬래브의 온습도 구배에 의해 발생하는 컬링(curling)이나 워핑(warping) 등에 의한 내부응력 발생 조건도 같이 고려해야 한다.

줄눈의 설치는 포장 콘크리트의 포설 중에 다월바를 설치하고 미리 표시한 지점에 도로 종방향에 직각으로 소컷(saw-cut)을 실시하는 방법으로 시행한다. 소컷을 실시하는 시기는 소컷에 의해 콘크리트에 이탈, 찢어짐 등과 같은 손상이 발생하지 않는 시점으로 결정한다. 현장에서는 작업자의 경험에 의해 시기가 결정되는 것이 일반적인데, 작업자가 표면 스크래치 시험(operator's scratch test)을 통해서나 시험 커팅에서 레벨링(reveling)이나 스폴링(spalling)이 발생하지 않는지를 확인하여 결정한다. 좀 더 과학적인 방법으로는 콘크리트 표면의 온도를 측정하여 변화를 관찰해서 활용하는 방법과 성숙도 미터를 활용한 방법이 있다.

너무 이른 시기에 소컷을 실시하는 경우에는 인접 콘크리트에 손상이 발생하며, 너무 늦게 소컷을 실시하면 줄눈 위치에 균열이 유도되지 못하고 슬래브 중간에 균열이 발생한다. 따라서 줄눈 커팅이 가능한 시간영역이 존재하게 되며, 이를 잘 찾아 줄눈 커팅작업이 이루어져야 한다. 경우에 따라서는 야간작업이나 새벽에 작업이 이루어져야 하기도 한다.

일반적인 줄눈 커팅 시기는 따뜻한 온도의 조건에서는 4~12시간 범위 내에 존재하고, 추운 날씨에는 24시간까지 늦어지기도 한다. 특히 플라이애쉬 등이 혼입되어 추운 날씨에 시공되는 경우에는 상당한 정도의 지연이 발생하여 현장에 어려움을 주기도 한다. 그러나 오히려 줄눈 커팅 시기가 늦춰지는 경우에 주간작업이 가능하여 시공이 용이해지기도 한다. 줄눈 커팅 시기의 변화 요인을 간단히 기술하면 다음과 같이 나타낼 수 있다.

(a) 일시적인 온도 하락
(b) 바람이 세고 습도가 낮은 날씨
(c) 하부층의 마찰력이 큰 경우(기층의 바닥이 불규칙한 경우)
(d) 하부층과 콘크리트 슬래브와의 부착(분리막 미설치 및 설치 미흡 등)
(e) 투수 기층
(f) 콘크리트 경화 지연(플라이애쉬 등의 혼입)
(g) 기존 포장체의 덧씌우기나 단면 보수
(h) 양생제 살포 지연

보통은 줄눈 커팅을 위해 투입되는 인원과 장비가 앞서 언급한 바와 같이 정해진 시간범위 내에서 포설하는 하루 물량을 소화할 수 있도록 배치되어야 한다. 그리고 이런 조건을 만족할 수 없거나 효율을 높이기 위해서는 2~3개의 슬래브를 건너 우선적으로 소커팅을 하고 나서 나머지를 소커팅하기도 한다. 그러나 2개 간격이나 3개 간격으로 소커팅을 하는 것이 가장 바람직한 것은 아니며, 그 이유로는 우선적으로 절단된 줄눈으로 변형량이 집중되어 줄눈 간격이 일정하지 않고 줄눈재의 파손이 집중되어 일어날 수 있기 때문이다.

갑자기 포설물량이 늘어났다거나, 이상기온으로 환경조건이 변화하였다거나, 혼화재 혼입 등과 같은 배합의 변경에 의해 줄눈 커팅 시간대가 변경되었거나 하는 원인에 의해 소컷 시기를 맞추지 못해 횡방향 균열이 발생하는 현장 사례가 많이 있다. 반대로 균열의 발생 가능성을 염려하여 너무 이른 소컷으로 인해 줄눈부가 취약해서 스폴링 등의 2차 파손이 발생하는 사례도 많이 있다.

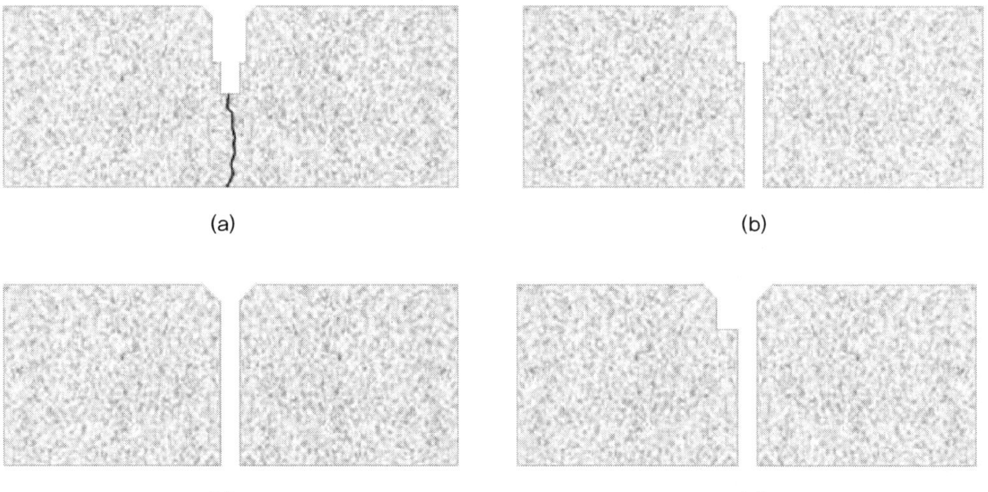

그림 6.11 **수축줄눈의 형태**

6.4.2 팽창줄눈

팽창줄눈은 콘크리트 슬래브의 팽창에 따른 변화를 수용하기 위해 설치하는데, 교량 접속부, 포장구조가 변경되는 위치 그리고 교차 접속부에 설치한다. 슬래브의 팽창은 콘크리트의 열 특성과 하부 마찰 등과 콘크리트가 경화된 기준온도(reference temperature)에 대한 온도 상승량에 따라 결정된다. 따라서 낮은 온도에서 콘크리트의 강도발현이 이루어진 경우에는 같은 대기온도에서도 온도 상승량이 많아서 팽창량이 많아진다.

통상적으로 팽창줄눈의 설치는 다음 표 6.2와 같은 표준값을 적용할 수 있다. 과거의 시방에서는 이를 정의하다가 시공줄눈으로 대체하자는 논리에 의해 중간에 별도 기준을 삭제하였다. 그러나 최근에는 이상기후 등으로 인해 팽창량이 많아 포장슬래브가 줄눈부에서 솟아오르는 블로우업(blow-up)의 발생 사례가 있어 적정 수준에서 이를 고려하는 것이 바람직한 것으로 판단된다.

표 6.2 **팽창줄눈 설치간격의 표준값**

시공시기 / 슬래브 두께(mm)	10~5월	6~9월
250 미만	60~120m	120~240m
250 이상	120~240m	240~480m

팽창줄눈은 앞서 수축줄눈의 형태 중에 그림 6.11(c) 또는 (d)의 형태로서, 폭을 20~25mm 정도로 하여 설치된다.

6.4.3 시공줄눈

시공줄눈은 상기의 절에서 언급한 바와 같이, 하루 물량의 시공이 마무리되는 지점에 팽창줄눈의 형식을 위해 설치하는데 맞댐 형식의 줄눈형상을 가진다. 경우에 따라서는 팽창줄눈 형식의 간격을 확보하지 않고 맞댐 형식의 줄눈을 설치하기도 한다.

시공줄눈의 경우는 한쪽 면에 콘크리트가 타설되지 않은 형태로 다월바가 노출되는

데, 이때 노출되는 다월바는 다음 그림 6.12와 같이 별도의 캡을 씌워 줄눈의 거동에 다월바가 구속조건으로 작용하지 않도록 한다. 다월바의 설치는 받침 체어가 없는 상태에서 마무리 거푸집의 삽입 구멍에 끼운다. 이때 캡이 설치되기 때문에 다월바의 녹막이 페인트가 반드시 교차되도록 설치되어야 하는 것은 아니다.

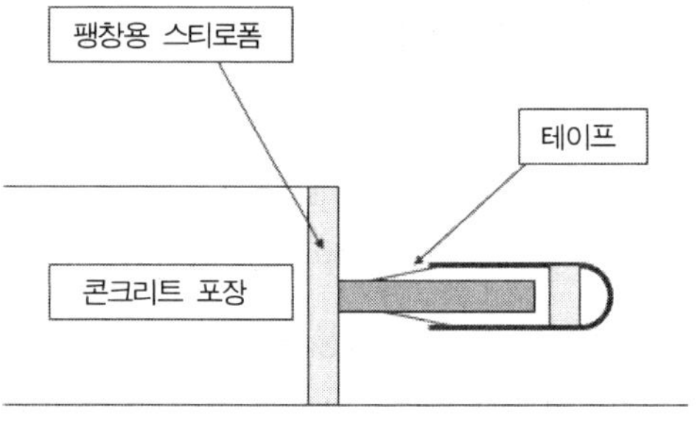

그림 6.12 **시공줄눈 다월바 설치 전경**

6.4.4 줄눈 주입재

줄눈 주입재는 줄눈의 1, 2차 소커팅(soft cut의 경우는 1회 소커팅)을 한 약 2주 후에 모따기(chamfer) 및 백업재 충진과 더불어 시행한다. 현장 주입에 의해 줄눈재(field poured sealant)가 설치되기도 하고 미리 제작된 성형 줄눈재(pre-formed sealant)에 의해 줄눈이 시공되기도 한다.

6.4.5 교통 개방

포장슬래브의 교통 개방 전까지 양생기간 중에는 차량 등의 진입을 통제해야 하며, 이를 위해 양생 중 표지판, 침입 방지책 등을 설치하고 감시인을 상주시켜 포장슬래브를 보호해야 한다.

교통 개방은 포설할 때 제작한 콘크리트 공시체를 통해 강도를 확인하고 시공여건을 고려하여 시행한다. 이때 충분한 콘크리트 강도의 발현이 이루어져야 하며 포장 표면을 청소하고 이물질을 제거하여 개방 초기에 포장 표면에 손상이 발생하지 않도록 해야 한다. 공사 차량의 통행을 위해 조기에 포설구간을 개방해야 하는 경우에는 반드시 강도 등의 품질 시험을 실시하여 공사 차량에 의한 손상이 발생하지 않음을 확인하고 개방해야 한다. 현장에서는 청소가 제대로 이루어지지 않고 강도발현이 충분하지 않아 노면의 골재가 콘크리트 표면에 파손을 일으키는 경우가 발생하기도 한다. 통상적으로 약 21MPa 이상의 압축강도와 설계 휨강도의 70% 이상이 발현되는 시점을 개방시점으로 한다.

6.5 품질 시험과 검사

6.5.1 콘크리트 물성

콘크리트 물성에 대한 확인 및 검토는 휨강도, 압축강도를 통해 수행되며, 별도의 내구성 검토를 위해 굳은 콘크리트의 공기량과 기포간극계수 등이 측정된다. 강도 측정을 위한 시험체는 콘크리트 포장을 포설할 때 별도로 표준 몰드에 제작된 시편을 시험규격에 정의된 양생 방법(수중양생 등)에 의해 28일 재령에서 별도로 실시한다. 내구성 확인을 위한 굳은 콘크리트의 공기량 시험은 현장 코어를 기준으로 분석하며, 시방서에 규정된 공기량 및 공기간극계수와의 부합성을 검토한다.

6.5.2 포장 두께

포장슬래브가 설계에서 제시된 두께를 확보하는지에 대한 검사를 수행하는데, 통상적으로 길어깨 포장이 타설되기 전에 약 100m 간격으로 두께를 측정한다. 두께에 대한 시공오차는 5%를 기준으로 하고 있어, 이 기준 이상으로 두께가 작은 경우에는 재시공을 해야 한다.

6.5.3 평탄성

도로 노면의 평탄함은 차량의 주행성을 결정하는 주요한 요소로, 규정된 장비와 방법에 의해 이를 측정하고 기준을 만족하지 못하는 경우에는 적절한 조치를 취한다. 평탄성의 측정은 다음 그림 6.13과 같이 별도의 측정 장비를 통해 노면의 요철량, Pri (profile index, 5mm blank band 방법), 그리고 IRI(international roughness index) 등을 측정하며, 측정된 결과가 시방서에 규정된 기준을 만족하는지 검토한다. 시방서의 기준을 만족하지 못하는 경우에는 요철구간의 밀링(milling) 및 다이아몬드 그라인딩 (diamond grinding)을 실시하여 조정한다.

그림 6.13 **노면 평탄성 조사 전경**

평탄성 조사구간의 단위는 100m(또는 160m)를 기준으로 하며, 원칙적으로 각 조사 단위에서 기준을 만족하지 못하는 경우에는 조사 단위구간별로 평탄성 개선을 위한 조치가 시행되어야 한다.

통상적으로 요철이 5mm 이상 차이가 나면 안 되며 5mm를 넘는 높은 부위는 승인된 기계로 갈아내야 한다. 또한 임의의 점에서의 계획고와의 차는 ±30mm 이하여야 하고, Pri는 7.6m 프로파일미터를 사용할 경우 본선 토공부는 80mm/km 이하여야 하며, IRI는 1.6m/km 이하 기준을 만족해야 한다. 다만, 현장 여건상 대형 조합장비의 투입이 불가능한 경우(교량 접속부를 포함한 교량구간, IC 및 JC 램프)에는 Pri≤160mm/km, IRI≤2.0m/km 이하로 한다. 단, 확장공사에서 단순 편측확장공사의 경우에는 Pri≤160mm/km 만을 적용한다.

참/고/문/헌

1) 국토해양부, 도로공사 표준시방서, 2010.
2) 한국도로공사, 고속도로공사 전문시방서, 2009.
3) 한국도로공사, 도로설계 실무편람, 2009.
4) 한국콘크리트학회, 콘크리트표준시방서, 2009.
5) 일본도로협회, 포장설계편람, 2006.
6) 지식경제부 기술표준원, 한국공업규격, 2010.
7) 도명식 외, 도로포장의 설계와 관리, 2010.
8) 남영국, 도로포장공학, 2004.
9) 이석근 외, 포장공학총론, 2011.
10) AASHTO Guide for Design of Pavement Structures, American Association of State Highway and Transportation Officials, 1993.
11) Guide for Mechanistic-Empirical Design of Pavement Structures, National Cooperative Highway Research, Transportation Research Board, 2004.
12) ACI Manual of Concrete Practice, American Concrete Institute, 2012.
13) ASTM Standard, American Society for Testing and Materials, 2010.
14) Major Types of Transportation Construction Specifications, American Association of State Highway and Transportation Officials, 2003.
15) Construction Standard Specifications, California Department of Transportation, 2006.
16) Construction Standard Specifications, Texas Department of Transportation, 2004.
17) Material Standard Specifications, Texas Department of Transportation, 2004.
18) Construction Standard Specifications, Newyork Department of Transportation, 2004.
19) Kohn, S. D ; Tayabji, S., Best Practices for Airport Portland Cement Concrete Pavement Construction (Rigid Airport Pavement), American Concrete Pavement Association, Washington, USA, 2003.
20) Principles of Pavement Design, E. J. Yoders et als, 1975.
21) Slip Form Paver, Wirtgen GmbH, Germany, 2009.
22) Lynn D. Evans, "Effects of Texture Options", Applied Resraech Accociates inc., 2009.

콘크리트 실무매뉴얼

콘크리트 제조, 운반 및 타설

2013년 5월 1일 1판 1쇄 인쇄
2013년 5월 5일 1판 1쇄 발행

管理主體 사단법인 한국콘크리트학회
서울특별시 강남구 역삼동 635-4
한국과학기술회관 신관 1009호
TEL. 02)568-5984~7
FAX. 02)568-1918

出版普及處 기 문 당
서울시 성동구 무학봉 28길 4-1
(왕십리동 966-22)
TEL. 02)2295-6171(代)~5
FAX. 02)2296-8188

출판등록 1976. 10. 7 (1-44)

홈페이지 http : // 기문당
http : // www.kimoondang.com

I S B N 978-89-6225-493-8 93530

정 가 13,000원